高等院校 EDA 系列教材

电路仿真与电路板设计项目化教程
（基于 Multisim 与 Protel）

古良玲　全晓莉　等编著

机械工业出版社

本书以 Multisim 10 和 Protel 99SE 软件为背景，介绍了电路仿真与电路板设计的方法与技术。全书以项目化的教学方法为编写宗旨，在内容上注重系统性、逻辑性、先进性和实用性。

本书分为两个篇章：上篇为 Multisim 篇。这部分选取了一些典型的电子技术综合性实验项目，偏重于电子技术综合项目的设计和电路图的理解，逐步引入软件学习的知识点，并在最后列出了学生独立设计实验的要求，让学生在学习本书的基础上能够灵活运用所学的知识点；下篇为 Protel 篇。这部分偏重于电路图的绘制以及电路板图的设计，逐步带领学生学习 Protel 软件，引入软件学习的知识点，并在学习的基础上完成一些提高性的实验，使学生学完后能够做到"学以致用"。本书在讲述部分尽量详细，以降低学生的自学难度，在实验上保留一定的发挥空间，可以让学生把各个知识点融会贯通。

本书可以作为高等院校电气信息类专业教材，也可供从事 EDA 相关软件设计和应用的技术人员自学和参考。

本书配套授课电子教案，需要的教师可登录 www.cmpedu.com 免费注册、审核通过后下载，或联系编辑索取（QQ：2399929378，电话 010-88379753）。

图书在版编目（CIP）数据

电路仿真与电路板设计项目化教程：基于 Multisim 与 Protel / 古良玲等编著.
—北京：机械工业出版社，2014.2（2024.1 重印）
高等院校 EDA 系列教材
ISBN 978-7-111-45745-9

Ⅰ. ①电… Ⅱ. ①古… Ⅲ. ①电子电路－计算机仿真－应用软件－高等学校－教材②印刷电路－计算机辅助设计－应用软件－高等学校－教材
Ⅳ. ①TN702②TN410.2

中国版本图书馆 CIP 数据核字（2014）第 023980 号

机械工业出版社（北京市百万庄大街 22 号　邮政编码 100037）
责任编辑：尚　晨
责任印制：单爱军
北京虎彩文化传播有限公司印刷
2024 年 1 月第 1 版 · 第 6 次印刷
184mm×260mm · 14.25 印张 · 353 千字
标准书号：ISBN 978-7-111-45745-9
定价：49.00 元

电话服务

客服电话：010-88361066
　　　　　010-88379833
　　　　　010-68326294

封底无防伪标均为盗版

网络服务

机　工　官　网：www.cmpbook.com
机　工　官　博：weibo.com/cmp1952
金　书　网：www.golden-book.com
机工教育服务网：www.cmpedu.com

前　言

随着电子技术的迅猛发展，高新技术日新月异，电子设计自动化（EDA）技术给电子设计领域带来了巨大变革，其广阔的应用前景得到了电子设计领域科研及教学人员的一致认可，它在电类专业中的地位也逐步提升。许多高等学校开设了相应的课程，并为学生提供了课程设计、综合实践、电子设计竞赛、毕业设计等 EDA 技术的综合应用实践环节。

本书是在电子技术的基础上进一步要求学生运用现代 EDA 技术，掌握电子产品从电路设计、性能分析、PCB 版图设计到产品调试的整个过程。本书重点介绍仿真软件 Multisim 10 与印制板制作软件 Protel 99SE 在电子技术产品设计中的应用。

本书分为 Multisim 篇和 Protel 篇。Multisim 篇由第 1～4 章组成。第 1 章主要介绍了 Multisim 10 的基本功能、基本使用方法和仿真分析等。第 2～4 章每章分别以一个电子技术综合实验项目为例，从设计要求、原理分析再到电路仿真，循序渐进地说明 Multisim 10 软件在电子技术综合实验项目中的应用。在实验要求中，要求学生能做到单元电路的"移植"，即会使用不同的电路实现同一个实验要求，达到对电子技术融会贯通的学习目的。Protel 篇由第 5～8 章组成。第 5 章主要介绍了 Protel 99SE 的基本操作、设计组管理、窗口管理、设计环境设置等。第 6～8 章每章分别以一个电子技术实验项目为例，从电路原理图设计和 PCB 版图制作两个方面来介绍 Protel 在电子技术实验项目中的应用，并融入相关的设计技巧。在实验要求中，同样要求学生能灵活运用，做到活学活用。

本书在项目编排上，从易到难，从浅到深，循序渐进，读者可以根据项目边学边做，从而形成一个完整的电子产品设计思路，真正做到"教、学、做"一体化。

本书第 1～4 章由重庆理工大学古良玲编写，第 5.1 和 5.2 节由陈古波编写，第 5.3～5.6 节由李双编写，第 6～8 章由全晓莉、周南权编写，附录由彭小峰编写，全书由古良玲负责统稿。

本书在编写过程中得到了重庆理工大学教育教学改革研究项目资助（项目编号：2013YB16）以及重庆市实践教学示范中心和重庆理工大学电工电子技术实验中心各位领导及老师的大力支持和帮助，在此一并表示衷心的感谢！

书中部分电路图表由于为软件截图，逻辑符号均为国际符号，读者可参考书后附录 E 常用逻辑符号新旧对照表进行比对。

由于编者水平有限，书中难免有疏漏与不足之处，恳请读者批评指正。读者的反馈信息可通过电子邮件发送至 GLL77222@163.com。

编　者

目 录

下篇 Protel 篇

上篇 Multisim 篇

第1章　Multisim 10 仿真软件介绍

1.1　Multisim 10 简述

早期的 EWB 仿真软件由加拿大 Interactive Image Technologies 公司（简称 IIT 公司）推出，后又将 EWB 软件更名为 Multisim 并升级为 Multisim 2001、Multisim 7 和 Multisim 8。2005 年美国国家仪器公司（National Instrument，NI）收购了加拿大 IIT 公司，并先后推出 Multisim 9、Multisim 10、Multisim 11 和 Multisim 12。Multisim 系列软件是用软件的方法模拟电子与电工元器件，模拟电子与电工仪器和仪表，实现了"软件即元器件"、"软件即仪器"。后面三个版本在电子技术仿真方面差别并不大，只是后续版本适当增加某些高级功能模块，本书选用 Multisim 10 版本进行讲解。

Multisim 10 是一个集电路原理设计、电路功能测试的虚拟仿真软件，其元器件库提供数千种电路元器件供实验选用，同时也可以新建或扩充已有的元器件库，而且建库所需的元器件参数可以从生产厂商的产品使用手册中查到，便于在工程设计中使用。虚拟测试仪器仪表种类齐全，有一般实验用的通用仪器，如万用表、函数信号发生器、双踪示波器、直流电源；还有一般实验室少有的仪器，如波特图示仪、字信号发生器、逻辑分析仪、逻辑转换器、失真仪、频谱分析仪和网络分析仪等。

Multisim 10 具有较为全面的电路分析功能，可以完成电路的瞬态和稳态分析、时域和频域分析、器件的线性和非线性分析、电路的噪声和失真分析、离散傅里叶分析、电路零极点分析、交直流灵敏度分析等电路分析方法，以帮助设计人员分析电路的性能。

同时，Multisim 10 可以设计、测试和演示各种电子电路，包括电工学、模拟电路、数字电路、电路、射频电路及微控制器和接口电路等。可以对被仿真的电路中的元器件设置各种故障，如开路、短路和不同程度的漏电等，从而观察不同故障情况下的电路工作状况。在进行仿真的同时，软件还可以存储测试点的所有数据，列出被仿真电路的所有元器件清单，以及存储测试仪器的工作状态、显示波形和具体数据等。

Multisim 10 易学易用，便于电子信息、通信工程、自动化、电气控制类专业学生自学和开展综合性的设计和实验，有利于培养综合分析能力、开发和创新的能力。

1.2　Multisim 10 的基本功能介绍

1.2.1　Multisim 10 的操作界面

单击"开始"→"程序"→"National Instruments"→"Circuit Design Suite 10.0"→"Multisim"，启动 Multisim 10，可以看到如图 1-1 所示的 Multisim 10 的主窗口。

该窗口主要由菜单工具栏（Menu Toolbar）、标准工具栏（Standard Toolbar）、设计工具盒（Design Toolbox）、元件工具栏（Component Toolbar）、电路窗口（Circuit Window）、数据

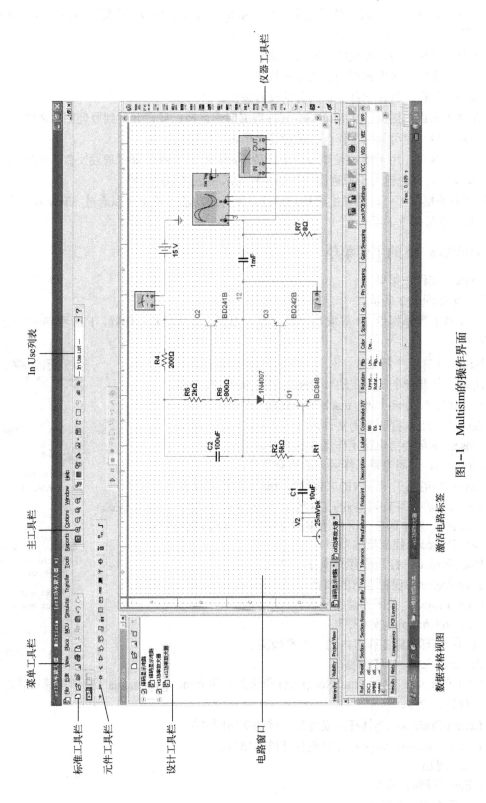

菜单工具栏

主工具栏

In Use列表

仪器工具栏

标准工具栏

元件工具栏

设计工具栏

电路窗口

数据表格视图

激活电路标签

图1-1　Multisim的操作界面

表格视图（Spreadsheet View）、激活电路标签（Active Circuit Tab）、仪器工具栏（Instrument Toolbar）等组成。其含义如下。

1）菜单工具栏：用于查找所有的命令功能。

2）标准工具栏：包含常用的功能命令按钮。

3）仪器工具栏：包含软件提供所有的仪器按钮。

4）元件工具栏：提供了从 Multisim 元件数据库中选择、放置元件到原理图中按钮。

5）电路窗口：也可称为工作区，是设计人员设计电路的区域。

6）设计工具盒：用于操控设计项目中各种不同类型的文件，如原理图文件、PCB 文件和报告清单文件，同时也用于原理图层次的控制显示和隐藏不同的层。

文件所有的操作都可以通过主菜单来进行，所有的功能组建都可以通过 View 菜单让它显示或不显示在屏幕上。

1.2.2 Multisim 10 的主要菜单

（1）File（文件）菜单

文件菜单如图 1-2 所示。

File（文件）菜单提供 19 条文件操作命令，如打开、保存和打印等，File 菜单中的命令及功能如下。

- New：建立一个新文件。
- Open：打开一个已存在的*. ms10、*. ms9、*. ms8、*. ms7、*. ewb 或*. utsch 等格式的文件。
- OpenSample：打开范例文件。
- Close：关闭当前电路工作区内的文件。
- Close All：关闭电路工作区内的所有文件。
- Save：将电路工作区内的文件以*. ms10 的格式存盘。
- Save as：将电路工作区内的文件另存为一个文件，仍为*. ms10 格式。
- Save All：将电路工作区内所有的文件以*. ms10 的格式存盘。
- New Project：建立新的项目。
- Open Project：打开原有的项目。
- Save Project：保存当前的项目。
- Close Project：关闭当前的项目。
- Version Control：版本控制。
- Print：打印电路工作区内的电路原理图。
- Print Preview：打印预览。

图 1-2 文件菜单

- Print Options：包括 Print Setup（打印设置）和 Print Instruments（打印电路工作区内的仪表）命令。
- Recent Designs：选择打开最近打开过的电路图文件。
- Recent Projects：选择打开最近打开过的项目。
- Exit：退出。

（2）Edit（编辑）菜单

编辑菜单如图 1-3 所示。

Edit（编辑）菜单在电路绘制过程中，提供对电路和元件进行剪切、粘贴、翻转等操作命令，共 21 条命令，Edit 菜单中的命令及功能如下。

- Undo：撤销前一次操作。
- Redo：恢复前一次操作。
- Cut：剪切所选择的元器件并放在剪贴板中。
- Copy：将所选择的元器件复制到剪贴板中。
- Paste：将剪贴板中的元器件粘贴到指定的位置。
- Delete：删除所选择的元器件。
- Select All：选择电路中所有的元器件、导线和仪器仪表。
- Delete Multi-Page：删除多个页面。
- Paste as Subcircuit：将剪贴板中的子电路粘贴到指定的位置。
- Find：查找电路原理图中的元件
- Graphic Annotation：图形注释。
- Order：顺序选择。
- Assign to Layer：图层赋值。
- Layer Settings：图层设置。

图 1-3　编辑菜单

- Orientation：旋转方向选择，包括 Flip Horizontal（将所选择的元器件左右翻转）、Flip Vertical（将所选择的元器件上下翻转）、90 Clockwise（将所选择的元器件顺时针旋转 90°）、90 CounterCW（将所选择的元器件逆时针旋转 90°）。
- Title Block Position：工程图明细表位置。
- Edit Symbol/Title Block：编辑符号/工程明细表。
- Font：字体设置。
- Comment：注释。
- Forms/Questions：格式/问题。
- Properties：属性编辑。

（3）View（窗口显示）菜单

窗口显示菜单如图 1-4 所示。

View（窗口显示）菜单提供 19 条用于控制仿真界面上显示的内容的操作命令，View 菜单中的命令及功能如下。

- Full Screen：全屏。
- Parent Sheet：层次。
- Zoom In：放大电原理图。
- Zoom Out：缩小电原理图。
- Zoom Area：放大面积。
- Zoom Fit to Page：放大到适合的页面。
- Zoom to magnification：按比例放大到适合的页面。

图 1-4　窗口显示菜单

- Zoom Selection：放大选择。
- Show Grid：显示或者关闭栅格。
- Show Border：显示或者关闭边界。

- Show Page Border：显示或者关闭页边界。
- Ruler Bars：显示或者关闭标尺栏。
- Statusbar：显示或者关闭状态栏。
- Design Toolbox：显示或者关闭设计工具箱。
- Spreadsheet View：显示或者关闭电子数据表，扩展显示窗口。
- Circuit Description Box：显示或者关闭电路描述工具箱。
- Toolbar：显示或者关闭工具箱。
- Show Comment/Probe：显示或者关闭注释/标注。
- Grapher：显示或者关闭图形编辑器。

（4）Place（放置）菜单

放置菜单如图 1-5 所示。

Place（放置）菜单提供在电路工作窗口内放置元件、连接点、总线和文字等 17 条命令，Place 菜单中的命令及功能如下。

- Component：放置元件。
- Junction：放置节点。
- Wire：放置导线。
- Bus：放置总线。
- Connectors：放置输入/输出端口连接器。
- New Hierarchical Block：放置层次模块。
- Replace Hierarchical Block：替换层次模块。
- Hierarchical Block form File：来自文件的层次模块。
- New Subcircuit：创建子电路。
- Replace by Subcircuit：子电路替换。
- Multi-Page：设置多个页面。
- Merge Bus：合并总线。
- Bus Vector Connect：总线矢量连接。

图 1-5　放置菜单

- Comment：注释。
- Text：放置文字。
- Graphics：放置图形。
- Title Block：放置工程标题栏。

（5）MCU（微控制器）菜单

微控制器菜单如图 1-6 所示。

MCU（微控制器）菜单提供在电路工作窗口内 MCU 的调试操作命令，MCU 菜单中的命令及功能如下。

- No MCU Component Found：没有创建 MCU 器件。
- Debug View Format：调试格式。
- MCU Windows：显示 MCU 各种信息窗口。
- Show Line Numbers：显示线路数目。
- Pause：暂停。

图 1-6　微控制器菜单

- Step into：进入。
- Step over：跨过。
- Step out：离开。
- Run to cursor：运行到指针。
- Toggle breakpoint：设置断点。
- Remove all breakpoint：移出所有的断点。

（6）Simulate（仿真）菜单

仿真菜单如图 1-7 所示。

Simulate（仿真）菜单提供 18 条电路仿真设置与操作命令，Simulate 菜单中的命令及功能如下。

- Run：开始仿真。
- Pause：暂停仿真。
- Stop：停止仿真。
- Instruments：选择仪器仪表。
- Interactive Simulation Settings：交互式仿真设置。
- Digital Simulation Settings：数字仿真设置。
- Analyses：选择仿真分析法。
- Postprocessor：启动后处理器。
- Simulation Error Log/Audit Trail：仿真误差记录/查询索引。
- XSpice Command Line Interface：XSpice 命令界面。
- Load Simulation Setting：导入仿真设置。
- Save Simulation Setting：保存仿真设置。
- Auto Fault Option：自动故障选择。
- VHDL Simulation：VHDL 仿真。
- Dynamic Probe Properties：动态探针属性。

图 1-7　仿真菜单

- Reverse Probe Direction：反向探针方向。
- Clear Instrument Data：清除仪器数据。
- Use Tolerances：使用公差。

（7）Transfer（文件输出）菜单

文件输出菜单如图 1-8 所示。

Transfer（文件输出）菜单提供 8 条传输命令，Transfer 菜单中的命令及功能如下。

- Transfer to Ultiboard 10：将电路图传送给 Ultiboard 10。
- Transfer to Ultiboard 9 or earlier：将电路图传送给 Ultiboard 9 或者其他早期版本。
- Export to PCB Layout：输出 PCB 设计图。

图 1-8　文件输出菜单

- Forward Annotate to Ultiboard 10：创建 Ultiboard 10 注释文件。
- Forward Annotate to Ultiboard 9 or earlier：创建 Ultiboard 9 或者其他早期版本注释文件。
- Backannotatefrom Ultiboard：修改 Ultiboard 注释文件。

- Highlight Selection in Ultiboard：加亮所选择的 Ultiboard。
- Export Netlist：输出网表。

（8）Tools（工具）菜单

工具菜单如图 1-9 所示。

Tools（工具）菜单提供 17 条元件和电路编辑或管理命令，Tools 菜单中的命令及功能如下。

- Component Wizard：元件编辑器。
- Database：数据库。
- Variant Manager：变量管理器。
- Set Active Variant：设置动态变量。
- Circuit Wizards：电路编辑器。
- Rename/Renumber Components：元件重新命名/编号。
- Replace Components：元件替换。
- Update Circuit Components：更新电路元件。
- Update HB/SC Symbols：更新 HB/SC 符号。
- Electrical Rules Check：电气规则检验。
- Clear ERC Markers：清除 ERC 标志。
- Toggle NC Marker：设置 NC 标志。
- Symbol Editor：符号编辑器。
- Title Block Editor：工程图明细表比较器。
- Description Box Editor：描述箱比较器。
- Edit Labels：编辑标签。
- Capture Screen Area：抓图范围。

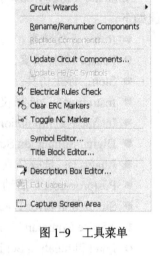

图 1-9　工具菜单

（9）Reports（报告）菜单

报告菜单如图 1-10 所示。

Reports（报告）菜单提供材料清单等 6 条报告命令，Reports 菜单中的命令及功能如下。

- Bill of Report：材料清单。
- Component Detail Report：元件详细报告。
- Netlist Report：网络表报告。
- Cross Reference Report：参照表报告。
- Schematic Statistics：统计报告。
- Spare Gates Report：剩余门电路报告。

（10）Option（选项）菜单

选项菜单如图 1-11 所示。

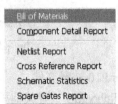

图 1-10　报告菜单

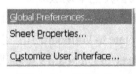

图 1-11　选项菜单

Option（选项）菜单提供 3 条电路界面和电路某些功能的设定命令，Options 菜单中的命令及功能如下。

- Global Preferences：全部参数设置。
- Sheet Properties：工作台界面设置。
- Customize User Interface：用户界面设置。

（11）Windows（窗口）菜单

窗口菜单如图 1-12 所示。

Windows（窗口）菜单提供 8 条窗口操作命令，Windows 菜单中的命令及功能如下。

- New Window：建立新窗口。
- Close：关闭窗口。
- Close All：关闭所有窗口。
- Cascade：窗口层叠。
- Tile Horizontal：窗口水平平铺。
- Tile Vertical：窗口垂直平铺。
- |Circuit| *：当前打开的仿真文件。
- Windows：窗口选择。

（12）Help（帮助）菜单

帮助菜单如图 1-13 所示。

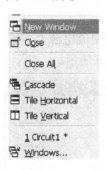

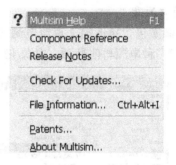

图 1-12　窗口菜单　　　　　　　图 1-13　帮助菜单

Help（帮助）菜单为用户提供在线技术帮助和使用指导，Help 菜单中的命令及功能如下。

- Multisim Help：主题目录。
- Components Reference：元件索引。
- Release Notes：版本注释。
- Check For Updates：更新校验。
- File Information：文件信息。
- Patents：专利权。
- About Multisim：有关 Multisim 的说明。

1.2.3　Multisim 10 的工具栏

Multisim 常用工具栏如图 1-14 所示。

图 1-14 常用工具栏

1.2.4 Multisim 10 的元器件库

Multisim 10 提供了丰富的元器件库，元器件库栏图标和名称如图 1-15 所示。单击元器件库栏的某一个图标即可打开该元件库。关于这些元器件的功能和使用方法将在后面介绍。读者可使用在线帮助功能查阅有关的内容。

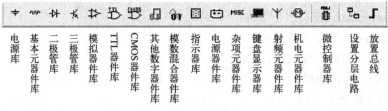

图 1-15　元器件库

1．电源/信号源库

电源/信号源库包含接地端、直流电源（电池）、正弦交流电源、方波（时钟）电源、压控方波电源等多种电源与信号源。电源/信号源库如图 1-16 所示。

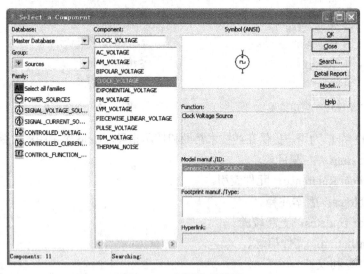

图 1-16　电源/信号源库

2．基本器件库

基本器件库包含电阻、电容等多种元器件。基本器件库中的虚拟元器件的参数可以任意设置，非虚拟元器件的参数虽然是固定的，但是可以选择。基本器件库如图 1-17 所示。

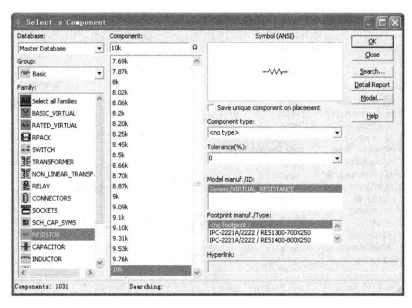

图 1-17　基本器件库

3．二极管库

二极管库包含二极管、晶闸管等多种器件。二极管库中的虚拟器件的参数可以任意设置，非虚拟元器件的参数虽然是固定的，但是可以选择。二极管库如图 1-18 所示。

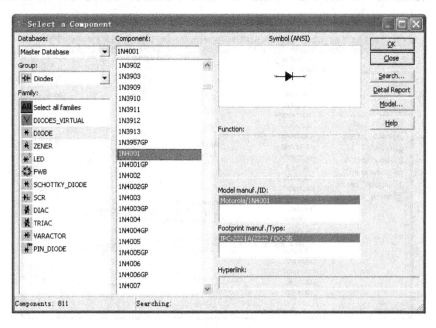

图 1-18　二极管库

4．晶体管库

晶体管库包含晶体管、FET 等多种器件。晶体管库中的虚拟器件的参数可以任意设置，非虚拟元器件的参数虽然是固定的，但是可以选择。晶体管库如图 1-19 所示。

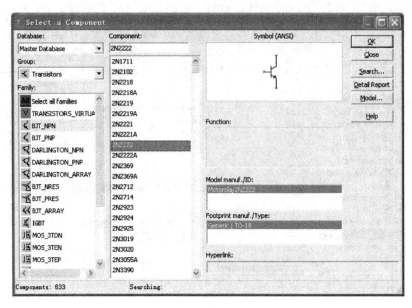

图 1-19　晶体管库

5. 模拟集成电路库

　　模拟集成电路库包含多种运算放大器。模拟集成电路库中的虚拟器件的参数可以任意设置，非虚拟元器件的参数虽然是固定的，但是可以选择。模拟集成电路库如图 1-20 所示。

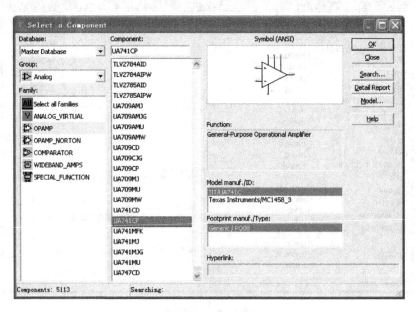

图 1-20　模拟集成电路库

6. TTL 数字集成电路库

　　TTL 数字集成电路库包含 74××系列和 74LS××系列等 74 系列数字电路器件。TTL 数字集成电路库如图 1-21 所示。

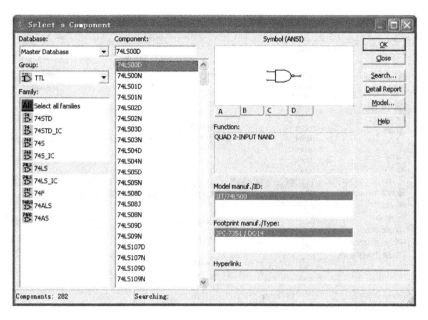

图 1-21　TTL 数字集成电路库

7．CMOS 数字集成电路库

CMOS 数字集成电路库包含 40××系列和 74HC××系列多种 CMOS 数字集成电路系列器件。CMOS 数字集成电路库如图 1-22 所示。

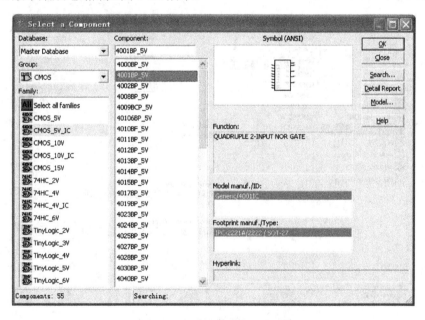

图 1-22　CMOS 数字集成电路库

8．数字器件库

数字器件库包含 DSP、FPGA、CPLD、VHDL 等多种器件。数字器件库如图 1-23 所示。

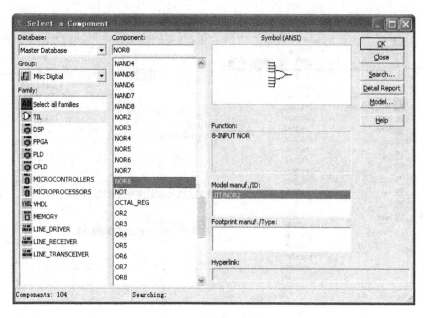

图 1-23　数字器件库

9. 数-模混合集成电路库

数-模混合集成电路库包含 ADC/DAC、555 定时器等多种数-模混合集成电路器件。数-模混合集成电路库如图 1-24 所示。

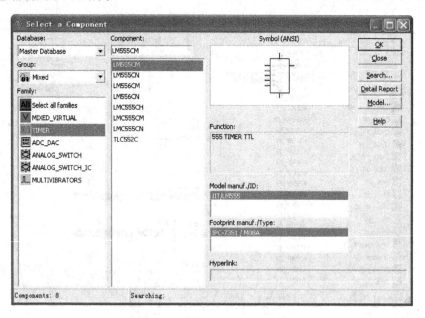

图 1-24　数-模混合集成电路库

10. 指示器件库

指示器件库包含电压表、电流表、指示灯、七段数码管等多种器件。指示器件库如图 1-25 所示。

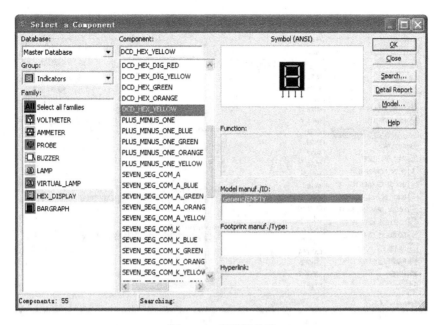

图 1-25　指示器件库

11．电源器件库

电源器件库包含三端稳压器、PWM 控制器等多种电源器件。电源器件库如图 1-26 所示。

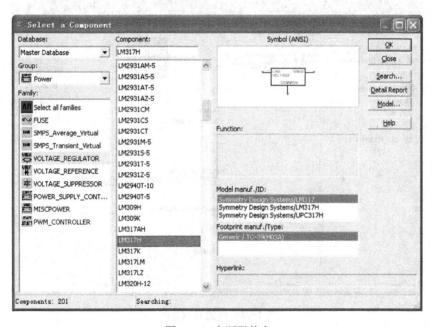

图 1-26　电源器件库

12．杂项元器件库

杂项元器件库包含晶体、滤波器等多种器件。杂项元器件库如图 1-27 所示。

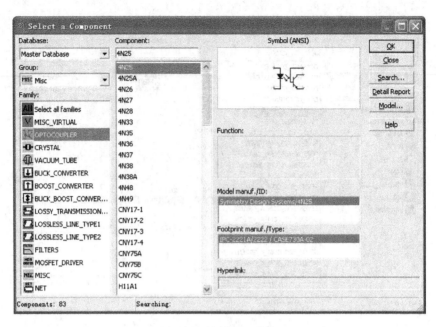

图 1-27 杂项元器件库

13．键盘显示器库

键盘显示器库包含键盘、LCD 等多种器件。键盘显示器库如图 1-28 所示。

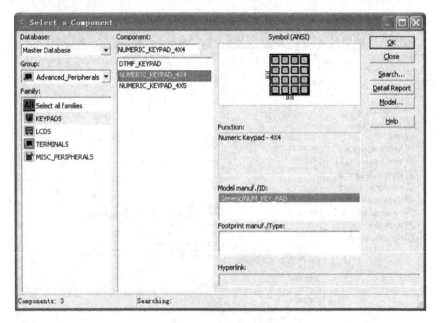

图 1-28 键盘显示器库

14．射频元器件库

射频元器件库包含射频晶体管、射频 FET、微带线等多种射频元器件。射频元器件库如图 1-29 所示。

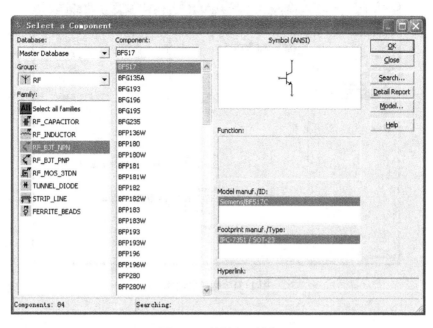

图 1-29　射频元器件库

15．机电类器件库

机电类器件库包含开关、继电器等多种机电类器件。机电类器件库如图 1-30 所示。

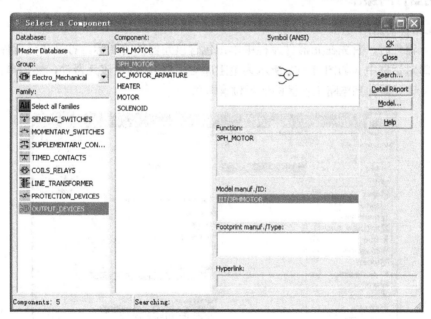

图 1-30　机电类器件库

16．微控制器库

微控制器件库包含 8051、PIC 等多种微控制器。微控制器件库如图 1-31 所示。

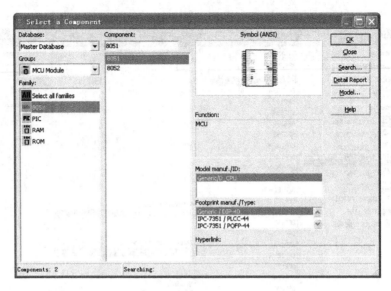

图 1-31　微控制器库

1.3　Multisim 10 的基本使用方法

1.3.1　元器件的操作

1. 元器件的选用

选用元器件时，首先在元器件库栏中单击包含该元器件的图标，打开该元器件库，然后从元器件库对话框中（如图 1-32 所示为电阻库对话框），选中该元器件，然后单击"OK"按钮，拖曳该元器件到电路工作区的适当位置即可。

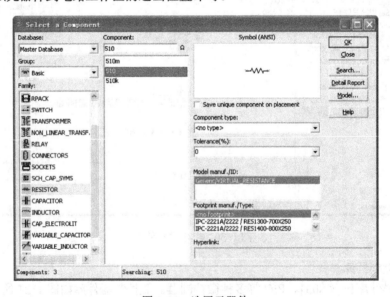

图 1-32　选用元器件

2．选中元器件

在连接电路时，要对元器件进行移动、旋转、删除、设置参数等操作，需要先单击选中该元器件。被选中的元器件的四周会出现 4 个黑色小方块（电路工作区为白底），便于识别。对选中的元器件可以进行移动、旋转、删除、设置参数等操作。用鼠标拖曳形成一个矩形区域，可以同时选中在该矩形区域内包含的一组元器件。

要取消某一个元器件的选中状态，只需单击电路工作区的空白部分即可。

3．元器件的移动

单击该元器件，拖曳该元器件，即可移动该元器件。

要移动一组元器件，必须先用前述的矩形区域方法选中这些元器件，然后拖曳其中的任意一个元器件，则所有选中的部分就会一起移动。元器件被移动后，与其相连接的导线就会自动重新排列。

选中元器件后，也可使用箭头键使之进行微小的移动。

4．元器件的旋转与翻转

对元器件进行旋转或翻转操作，需要先选中该元器件，然后单击鼠标右键或者菜单"Edit"，选择"Flip Horizontal"（将所选择的元器件左右翻转）、"Flip Vertical"（将所选择的元器件上下翻转）、"90 Clockwise"（将所选择的元器件顺时针旋转 90°）、"90 CounterCW"（将所选择的元器件逆时针旋转 90°）等菜单栏中的命令。也可按〈Ctrl〉键实现旋转操作。〈Ctrl〉键的定义标在菜单命令的旁边。

5．元器件的复制与删除

对选中的元器件，进行元器件的复制、删除等操作，可以右键单击或者使用菜单"Edit"→"Cut"（剪切）、"Edit"→"Copy"（复制）和"Edit"→"Paste"（粘贴）、"Edit"→"Delete"（删除）等菜单命令实现元器件的复制、删除等操作。

6．元器件的属性设置

在选中元器件后，双击该元器件，或者选择菜单命令"Edit"→"Properties"（元器件特性）会弹出相关的对话框，可供输入数据。

元器件的属性对话框具有多种选项可供设置，包括"Label"（标识）、"Display"（显示）、"Value"（数值）、"Fault"（故障设置）、"Pins"（引脚端）、"Variant"（变量）等内容。电阻的属性对话框如图 1-33 所示。

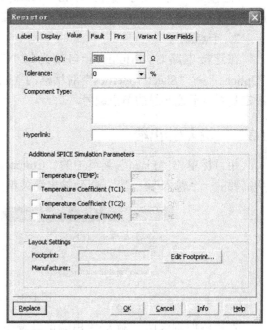

图 1-33　电阻的属性对话框

1.3.2　导线的操作

1．导线的连接

在两个元器件之间绘制导线，首先将鼠标指向一个元器件的端点使其出现一个小圆点，按下鼠标左键并拖曳出一根导线，拉住导线并指向另一个元器件的端点使其出现小圆点，释放鼠标左键，则导线连接完成。

连接完成后，导线将自动选择合适的走向，不会与其他元器件或仪器发生交叉。

2．连线的删除与改动

将鼠标指向元器件与导线的连接点使其出现一个圆点，按下鼠标左键拖曳该圆点使导线离开元器件端点，释放鼠标左键，导线自动消失，完成连线的删除。也可以将拖曳移开的导线连至另一个接点，实现连线的改动。

3．改变导线的颜色

在复杂的电路中，可以将导线设置为不同的颜色。要改变导线的颜色，用鼠标指向该导线，右键单击可以出现菜单，选择"Change Color"选项，出现颜色选择框，然后选择合适的颜色即可。

4．在导线中插入元器件

将元器件直接拖曳放置在导线上，然后释放即可在电路中插入元器件。

5．从电路删除元器件

选中该元器件，单击"Edit"→"Delete"按钮即可，或者单击鼠标右键可以出现菜单，选择"Delete"选项即可。

6．"连接点"的使用

"连接点"是一个小圆点，单击"Place Junction"按钮可以放置节点。一个"连接点"最多可以连接来自四个方向的导线。可以直接将"连接点"插入连线中。

7．节点编号

在连接电路时，Multisim 自动为每个节点分配一个编号。是否显示节点编号可由"Options"→"SheetProperties"对话框的"Circuit"选项设置。选择"RefDes"选项，可以决定是否显示连接线的节点编号。

1.3.3　输入/输出端

用鼠标单击"Place"菜单中的"Connectors"选项"Place"→"Connectors"即可取出所需要的一个输入/输出端。输入/输出端菜单如图 1-34 所示。

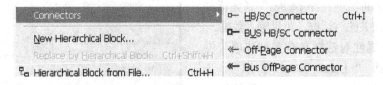

图 1-34　输入/输出端

在电路控制区中，输入/输出端可以看作是只有一个引脚的元器件，所有操作方法与元器件相同。不同的是输入/输出端只有一个连接点。四种输入/输出端的含义如下。

● HB/SB Connector：单线式输入/输出端。

● Bus HB/SC Connector：总线式输入/输出端。

● Off-Page Connector：分页单线式输入/输出端。

● Bus Off-Page Connector：分页总线式输入/输出端。

1.3.4 仪器仪表的使用

仪器仪表库的图标及功能如图 1-35 所示。该库中所含仪器仪表包括：数字万用表、函数信号发生器、瓦特表、双通道示波器、四通道示波器、波特图仪、数字频率计、字信号发生器、逻辑分析仪、逻辑转换仪、IV 特性分析仪、失真分析仪、频谱分析仪、网络分析仪、安捷伦函数信号发生器、安捷伦数字万用表、安捷伦数字示波器、泰克示波器、测试探针、LabVIEW 虚拟仪器、测量探针和电流探针。以下分别加以介绍。

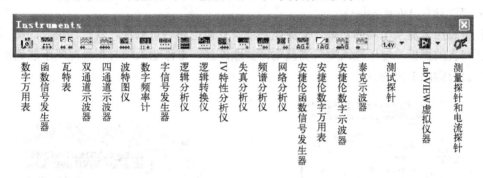

图 1-35 仪器仪表库

1．数字万用表（Multimeter）

数字万用表是一种可以用来测量交直流电压、交直流电流、电阻及电路中两点之间的分贝损耗和自动调整量程的数字显示的多用表。

双击数字万用表图标，可以放大数字万用表面板，如图 1-36 所示。单击数字万用表面板上的"Settings"（设置）按钮，则弹出参数设置对话框窗口，可以设置数字万用表的电流表内阻、电压表内阻、欧姆表电流及测量范围等参数。数字万用表参数设置对话框如图 1-36 所示。

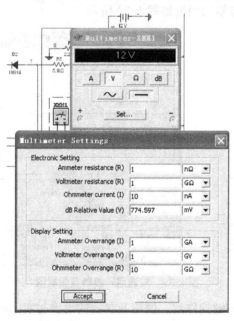

图 1-36 数字万用表参数设置对话框

2. 函数信号发生器（Function Generator）

函数信号发生器是可提供正弦波、三角波、方波三种不同波形信号的电压信号源。双击函数信号发生器图标，可以放大函数信号发生器的面板。函数信号发生器的面板如图 1-37 所示。

函数信号发生器其输出波形、工作频率、占空比、幅度和直流偏置，可通过用鼠标选择波形按钮和在各窗口设置相应的参数来实现。频率设置范围为 1Hz～999MHz；占空比调整值可从 1%～99%；幅度设置范围为 1μV～999kV；偏移设置范围为 -999kV～999kV。

3. 瓦特表（Wattmeter）

瓦特表用来测量电路的功率。交流电路或者直流电路均可测量。双击瓦特表的图标可以放大瓦特表的面板。电压输入端与测量电路并联连接，电流输入端与测量电路串联连接。瓦特表的面板如图 1-38 所示。

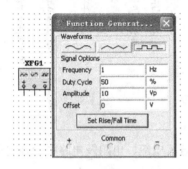

图 1-37 函数信号发生器面板图

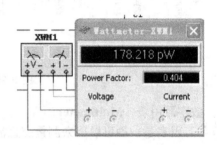

图 1-38 瓦特表面板图

4. 双通道示波器（Oscilloscope）与四通道示波器（Four-channel Oscilloscope）

双通道示波器是用来显示电信号波形的形状、大小、频率等参数的仪器。双击双通道示波器图标，放大双通道示波器的面板如图 1-39 所示。

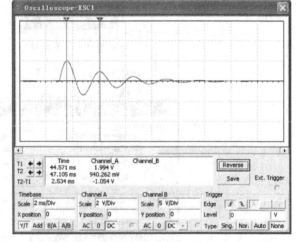

图 1-39 双通道示波器及面板图

双通道示波器面板各按键的作用、调整及参数的设置与实际的示波器类似。以下将分别加以介绍。四通道示波器使用方法与双通道基本一致，故不详述。

22

（1）时基（Time base）控制部分的调整

1）时间基准。X 轴刻度显示示波器的时间基准，其基准为 1fs/Div～1000Ts/Div 可供选择。

2）X 轴位置控制。X 轴位置控制 X 轴的起始点。当 X 的位置调到 0 时，信号从显示器的左边缘开始，正值使起始点右移，负值使起始点左移。X 位置的调节范围从-5.00～+5.00。

3）显示方式选择。示波器显示方式选择，可以从"幅度/时间（Y/T）"切换到"A 通道/B 通道中（A/B）"、"B 通道/A 通道（B/A）"或"Add"方式。

● Y/T 方式：X 轴显示时间，Y 轴显示电压值。

● A/B、B/A 方式：X 轴与 Y 轴都显示电压值。

● Add 方式：X 轴显示时间，Y 轴显示 A 通道、B 通道的输入电压之和。

（2）示波器输入通道（Channel A/B）的设置

1）Y 轴刻度。Y 轴电压刻度范围从 1fV/Div～1000TV/Div，可以根据输入信号大小来选择 Y 轴刻度值的大小，使信号波形在示波器显示屏上显示出合适的幅度。

2）Y 轴位置（Y position）。Y 轴位置控制 Y 轴的起始点。当 Y 的位置调到 0 时，Y 轴的起始点与 X 轴重合，如果将 Y 轴位置增加到 1.00，Y 轴原点位置从轴向上移一大格，若将 Y 轴位置减小到-1.00，Y 轴原点位置从 X 轴向下移一大格。Y 轴位置的调节范围从-3.00～+3.00。改变 A、B 通道的 Y 轴位置有助于比较或分辨两通道的波形。

3）Y 轴输入方式。Y 轴输入方式即信号输入的耦合方式。当用 AC 耦合时，示波器显示信号的交流分量。当用 DC 耦合时，显示的是信号的 AC 和 DC 分量之和。

当用 0 耦合时，在 Y 轴设置的原点位置则显示一条水平直线。

（3）触发方式（Trigger）调整

1）触发信号选择。触发信号一般选择自动触发（Auto）。选择"A"或"B"，则用相应通道的信号作为触发信号。选择"EXT"，则由外触发输入信号触发。选择"Sing"为单脉冲触发。选择"Nor"为一般脉冲触发。

2）触发沿（Edge）选择。触发沿（Edge）可选择上升沿或下降沿触发。

3）触发电平（Level）选择。触发电平（Level）选择触发电平的数值范围。

（4）示波器显示波形读数

要显示波形读数的精确值时，可用鼠标将垂直光标拖曳到需要读取数据的位置。显示屏幕下方的方框内，显示光标与波形垂直相交点处的时间和电压值，以及两光标位置之间的时间、电压的差值。

单击"Reverse"按钮可改变示波器屏幕的背景颜色。单击"Save"按钮可按 ASCII 码格式存储波形读数。

5. 波特图仪（Bode Plotter）

波特图仪可以用来测量和显示电路的幅频特性与相频特性，其作用类似于扫频仪。双击波特图仪图标，得到放大的波特图仪的面板图如图 1-40 所示。在该面板中可选择幅值模式（Magnitude）或者相位模式（Phase）。

波特图仪有"In"和"Out"两对端口，其中"In"端口的"+"和"-"分别接电路输入端的正端和负端；"Out"端口的"+"和"-"分别接电路输出端的正端和负端。使用波特图仪时，必须在电路的输入端接入 AC（交流）信号源。

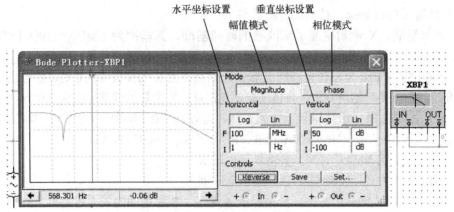

图 1-40　波特图仪及面板图

（1）坐标设置

在垂直（Vertical）坐标或水平（Horizontal）坐标控制面板图框内，单击"Log"按钮，则坐标以对数（底数为 10）的形式显示；单击"Lin"按钮，则坐标以线性的结果显示。

水平（Horizontal）坐标：标度（1MHz~1000MHz），水平坐标轴总是显示频率值。它的标度由水平轴的初始值（I Initial）或终值（F Final）决定。

在信号频率范围很宽的电路中，分析电路频率响应时，通常选用对数坐标（以对数为坐标所绘出的频率特性曲线称为波特图）。

垂直（Vertical）坐标：当测量电压增益时，垂直轴显示输出电压与输入电压之比，若使用对数基准，单位是分贝；如果使用线性基准，则显示的是比值。当测量相位时，垂直轴总是以度为单位显示相位角。

（2）坐标数值的读出

要得到特性曲线上任意点的频率、增益或相位差，可用鼠标拖动读数指针（位于波特图仪中的垂直光标），或者用读数指针移动按钮来移动读数指针（垂直光标）到需要测量的点，读数指针（垂直光标）与曲线的交点处的频率和增益或相位角的数值将显示在读数框中。

（3）分辨率设置

Set 用来设置扫描的分辨率，单击"Set"按钮，将出现分辨率设置对话框，数值越大分辨率越高。

6．数字频率计（Frequency Counter）

数字频率计用来测量信号频率，它可以显示与信号频率有关的一些信息。数字频率计的面板和图标如图 1-41 所示。

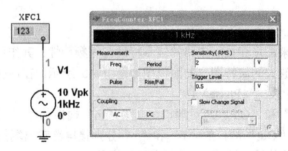

图 1-41　数显频率计及面板图

7．字信号发生器（Word Generator）

字信号发生器是能产生 16 位同步逻辑信号的一个多路逻辑信号源，用于对数字逻辑电路进行测试。

双击字信号发生器图标，得到放大的字信号发生器面板如图 1-42 所示。

（1）字信号的输入

在字信号编辑区，32bit 的字信号以 8 位十六进制数编辑和存放，可以存放 1024 条字信号，地址编号为 0000～03FF。

字信号输入操作：将光标指针移至字信号编辑区的某一位，单击后，由键盘输入如二进制数码的字信号，光标自左至右，自上至下移位，可连续地输入字信号。

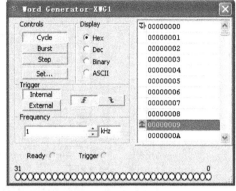

图 1-42　字信号发生器面板图

在字信号显示（Display）编辑区可以编辑或显示字信号格式有关的信息。字信号发生器被激活后，字信号按照一定的规律逐行从底部的输出端送出，同时在面板的底部对应于各输出端的小圆圈内，实时显示输出字信号各个位（bit）的值。

（2）字信号的输出方式

字信号的输出方式分为 Step（单步）、Burst（单帧）、Cycle（循环）三种方式。单击一次"Step"按钮，字信号输出一条。这种方式可用于对电路进行单步调试。

单击"Burst"按钮，则从首地址开始至本地址连续逐条地输出字信号。

单击"Cycle"按钮，则循环不断地进行 Burst 方式的输出。

Burst 和 Cycle 情况下的输出节奏由输出频率的设置决定。

Burst 输出方式时，当运行至该地址时输出暂停。再单击"Pause"按钮则恢复输出。

（3）字信号的触发方式

字信号的触发分为 Internal（内部）和 External（外部）两种触发方式。当选择 Internal（内部）触发方式时，字信号的输出直接由输出方式按钮（Step、Burst、Cycle）启动。当选择 External（外部）触发方式时，则需接入外触发脉冲，并定义"上升沿触发"或"下降沿触发"。然后单击输出方式按钮，待触发脉冲到来时才启动输出。此外在数据准备好输出端还可以得到与输出字信号同步的时钟脉冲输出。

（4）字信号的存盘、重用、清除等操作

单击"Set"按钮，弹出"Pre-setting patterns"对话框，其中"Clear buffer"（清字信号编辑区）、"Open"（打开字信号文件）、"Save"（保存字信号文件）三个选项用于对编辑区的字信号进行相应的操作。字信号存盘文件的后缀为"．DP"。"UP Counter"（按递增编码）、"Down Counter"（按递减编码）、"Shift right"（按右移编码）、"Shift left"（按左移编码）四个选项用于生成一定规律排列的字信号。例如选择"UP Counter"（按递增编码），则按 0000～03FF 排列；选择"Shift right"（按右移编码），则按 8000、4000、2000 等逐步右移一位的规律排列，其余类推。

8．逻辑分析仪（Logic Analyzer）

逻辑分析仪用于对数字逻辑信号的高速采集和时序分析，可以同步记录和显示 16 位数字信号。逻辑分析仪的面板图如图1-43所示。

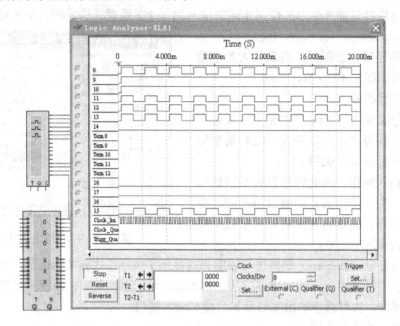

图1-43 逻辑分析仪的面板图

（1）数字逻辑信号与波形的显示、读数

面板左边的 16 个小圆圈对应 16 个输入端，各路输入逻辑信号的当前值在小圆圈内显示，从上到下排列依次为最低位至最高位。16 位输入的逻辑信号的波形以方波形式显示在逻辑信号波形显示区。通过设置输入导线的颜色可修改相应波形的显示颜色。波形显示的时间轴刻度可通过面板下方的 Clocks/Div 设置。读取波形的数据可以通过拖放读数指针完成。在面板下部的两个方框内显示指针所处位置的时间读数和逻辑读数（4 位十六进制数）。

（2）触发方式设置

单击 Trigger 区的"Set"按钮，可以弹出触发方式对话框。触发方式有多种选择。对话框中可以输入 A、B、C 三个触发字。逻辑分析仪在读到一个指定字或几个字的组合后触发。触发字的输入可单独设为 A、B 或 C 的编辑框，然后输入二进制的字（0 或 1）或者 x，x 代表该位为"任意"（0、1 均可）。单击对话框中 Trigger combinations 方框右边的按钮，弹出由 A、B、C 组合的八组触发字，选择八种组合之一，并单击"Accept"（确认）按钮后，在 Trigger combinations 方框中就被设置为该种组合触发字。

三个触发字的默认设置均为 xxxxxxxxxxxxxxxx，表示只要第一个输入逻辑信号到达，无论是什么逻辑值，逻辑分析仪均被触发开始波形的采集，否则必须满足触发字条件才被触发。此外，Trigger qualifier（触发限定）对触发有控制作用。若该位设为 x，触发控制不起作用，触发完全由触发字决定；若该位设置为"1"（或"0"），则仅当触发控制输入信号为"1"（或"0"）时，触发字才起作用；否则即使触发字组合条件满足也不能引起触发。

（3）采样时钟设置

单击对话框面板下部 Clock 区的"Set"按钮，弹出时钟控制对话框。在对话框中，波形采集的控制时钟可以选择内时钟或者外时钟；上升沿有效或者下降沿有效。如果选择内时钟，内时钟频率可以设置。此外对 Clock Qualifier（时钟限定）的设置决定时钟控制输入对时钟的控制方式。若该位设置为"1"，表示时钟控制输入为"1"时开放时钟，逻辑分析仪可以进行波形采集；若该位设置为"0"，表示时钟控制输入为"0"时开放时钟；若该位设置为"x"，表示时钟总是开放，不受时钟控制输入的限制。

9．逻辑转换仪（Logic Converter）

逻辑转换仪是 Multisim 特有的仪器，能够完成真值表、逻辑表达式和逻辑电路三者之间的相互转换，实际上不存在与此对应的设备。逻辑转换仪面板及转换方式选择图如图 1-44 所示。

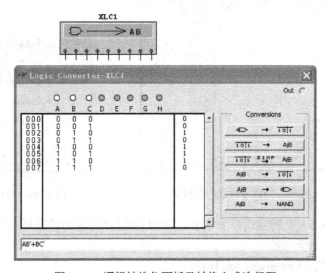

图 1-44　逻辑转换仪面板及转换方式选择图

（1）逻辑电路→真值表

逻辑转换仪可以导出多路（最多八路）输入一路输出的逻辑电路的真值表。首先画出逻辑电路，并将其输入端接至逻辑转换仪的输入端，输出端连至逻辑转换仪的输出端。单击"电路→真值表"按钮，在逻辑转换仪的显示窗口，即真值表区，出现该电路的真值表。

（2）真值表→逻辑表达式

真值表的建立有以下两种方法：一种方法是根据输入端数，单击逻辑转换仪面板顶部代表输入端的小圆圈，选定输入信号（由 A 至 H）。此时其值表区自动出现输入信号的所有组合，而输出列的初始值全部为零。可根据所需要的逻辑关系修改真值表的输出值而建立真值表；另一种方法是由电路图通过逻辑转换仪转换过来的真值表成功建立。

对已在真值表区建立的真值表，单击"真值表→逻辑表达式"按钮，在面板的底部逻辑表达式栏出现相应的逻辑表达式。如果要简化该表达式或直接由真值表得到简化的逻辑表达式，单击"真值表"→"简化表达式"后，在逻辑表达式栏中出现相应的该真值表的简化逻辑表达式。在逻辑表达式中的"'"表示逻辑变量的"非"。

（3）表达式→真值表、逻辑电路或逻辑与非门电路

可以直接在逻辑表达式栏中输入逻辑表达式，"与一或"式及"或一与"式均可，然后单击"表达式→真值表"按钮得到相应的真值表；单击"表达式→电路"按钮得相应的逻辑

电路；单击"表达式→与非门电路"按钮得到由与非门构成的逻辑电路。

10．IV（电流/电压）特性分析仪

IV（电流/电压）特性分析仪用来分析二极管、PNP 和 NPN 晶体管、PMOS 和 CMOS FET 的 IV 特性。注意，IV 分析仪只能够测量未连接到电路中的元器件。IV（电流/电压）特性分析仪的面板如图 1-45 所示。

11．失真分析仪（Distortion Analyzer）

失真分析仪是一种用来测量电路信号失真的仪器，Multisim 提供的失真分析仪频率范围为 20Hz~20kHz，失真分析仪面板如图 1-46 所示。

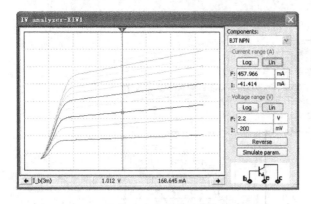

图 1-45　IV（电流/电压）特性分析仪的面板图　　　　图 1-46　失真分析仪面板图

在 Control Mode（控制模式）区域中，THD 设置分析总谐波失真，SINAD 设置分析信噪比，Settings 设置分析参数。

12．频谱分析仪（Spectrum Analyzer）

频谱分析仪用来分析信号的频域特性，Multisim 提供的频谱分析仪频率范围上限为 4GHz，频谱分析仪面板如图 1-47 所示。

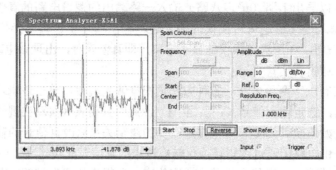

图 1-47　频谱分析仪面板图

在图 1-47 所示频谱分析仪面板中，分为以下 5 个区。

Span Control 区：当选择"Set Span"时，频率范围由 Frequency 区域设定。当选择"Zero Span"时，频率范围仅由 Frequency 区域的 Center 栏位设定的中心频率确定。当选择 Full Span 时，频率范围设定为 0~4GHz。

Frequency 区："Span"设定频率范围，"Start"设定起始频率，"Center"设定中心频率。"End"设定终止频率。

Amplitude 区：当选择"dB"时，纵坐标刻度单位为 dB。当选择"dBm"时，纵坐标刻度单位为 dBm。当选择"Lin"时，纵坐标刻度单位为线性。

Resolution Freq 区：可以设定频率分辨率，即能够分辨的最小谱线间隔。

Controls 区：当选择"Start"时，启动分析。当选择"Stop"时，停止分析。当选择"Trigger Set"时，选择触发源是"Internal"（内部触发）还是"External"（外部触发），选择触发模式是"Continue"（连续触发）还是"Single"（单次触发）。

频谱图显示在频谱分析仪面板左侧的窗口中，利用游标可以读取其每点的数据并显示在面板右侧下部的数字显示区域中。

13．网络分析仪（Network Analyzer）

网络分析仪是一种用来分析双端口网络的仪器，它可以测量衰减器、放大器、混频器、功率分配器等电子电路及元件的特性。Multisim 提供的网络分析仪可以测量电路的 S 参数并计算出 H、Y、Z 参数。网络分析仪面板如图 1-48 所示。

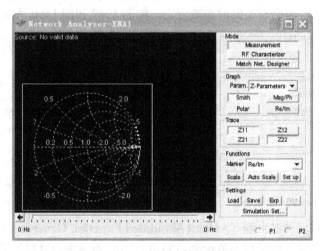

图 1-48　网络分析仪面板图

（1）显示窗口数据显示模式设置

显示窗口数据显示模式在 Functions 区中的"Marker"下拉列表框设置。当选择"Re/Im"时，显示数据为直角坐标模式；当选择"Mag/Ph"（Degs）时，显示数据为极坐标模式；当选择"dB Mag/Ph"（Deg）时，显示数据为分贝极坐标模式。滚动条控制显示窗口游标所指的位置。

（2）选择需要显示的参数

在 Trace 区域中选择需要显示的参数，只要单击需要显示的参数按钮（"Z11"、"Z12"、"Z21"、"Z22"）即可。

（3）参数格式

参数格式在 Graph 区中设置。

"Param."选项中可以选择所要分析的参数，其中包括"S－Parameters"（S 参数）、"H－Parameters"（H 参数）、"Y－Parameters"（Y 参数）、"Z－Parameters"（Z 参数）四种参数。

（4）显示模式

显示模式在 Functions 区设置，可以通过选择"Smith"（史密斯格式）、"Mag/Ph"（增益/相位的频率响应图即波特图）、"Polar"（极化图）、"Re/Im"（实部/虚部）完成。以上四种显示模式的刻度参数可以通过"Scale"设置；程序自动调整刻度参数由"Auto Scale"设置；显示窗口的显示参数，如线宽、颜色等由 Set up 设置。

（5）数据管理

Settings 区域提供数据管理功能。单击"Load"按钮读取专用格式数据文件；单击"Save"按钮储存专用格式数据文件；单击"Exp"按钮输出数据至文本文件；单击"Print"按钮打印数据。

（6）分析模式设置

分析模式在 Mode 区中设置。当选择"Measurement"时为测量模式；当选择"Match Net. Designer"时为电路设计模式，可以显示电路的稳定度、阻抗匹配、增益等数据；当选择"RF Characterizer"时为射频特性分析模式。"Set up"设定上面三种分析模式的参数，在不同的分析模式下，将会有不同的参数设定，如图 1-49 和图 1-50 所示。

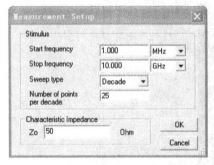

图 1-49　Measurement 参数设置

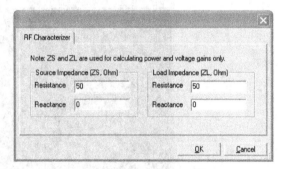

图 1-50　RF Characterizer 参数设置

14. 安捷伦函数信号发生器（Agilent Simulated Function Generator）

安捷伦函数信号发生器是以安捷伦公司的 33120A 型函数信号发生器为原型设计的，它是一个能产生 15MHz 多种波形信号的高性能综合函数发生器。安捷伦函数信号发生器的操作面板如图 1-51 所示。它的详细功能和使用方法可参考 Agilent 33120 型函数信号发生器的使用手册。

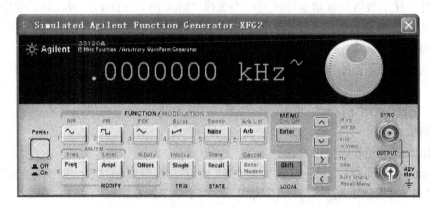

图 1-51　安捷伦函数信号发生器

15. 安捷伦数字万用表（Agilent Simulated Multimeter）

安捷伦数字万用表是以安捷伦公司的 34401A 型数字万用表为原型设计的，它是一个测量精度为六位半的高性能数字万用表。安捷伦数字万用表的操作面板如图 1-52 所示。它的详细功能和使用方法可参考 Agilent 34401A 型数字万用表的使用手册。

图 1-52　安捷伦数字万用表面板图

16. 安捷伦数字示波器（Agilent Simulated Oscilloscope）

安捷伦数字示波器是以安捷伦公司的 54622D 型数字示波器为原型设计的，它是一个两模拟通道、16 个数字通道、100MHz 数据宽带、附带波形数据磁盘外存储功能的数字示波器。安捷伦数字示波器的操作面板如图 1-53 所示。它的详细功能和使用方法可参考 Agilent 54622D 型数字示波器的使用手册。

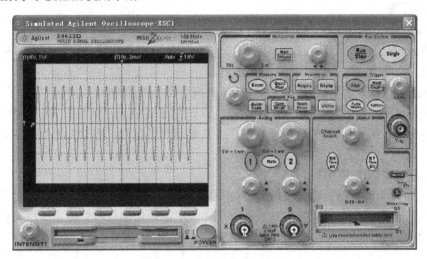

图 1-53　安捷伦数字示波器

17. 泰克示波器（Tektronix Simulated Oscilloscope）

泰克示波器是以泰克公司的 TDS 2024 型数字示波器为原型设计的，它是一个四模拟通道、200MHz 数据宽带、带波形数据存储功能的液晶显示数字示波器。泰克示波器的操作面板如图 1-54 所示。它的详细功能和使用方法可参考 TDS 2024 型数字示波器的使用手册。

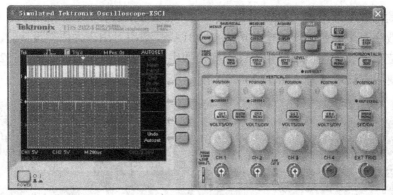

图 1-54　泰克示波器

18．LabVIEW 虚拟仪器

Multisim 10 软件中提供了 LabVIEW 虚拟仪器。设计人员可以在 LabVIEW 的图形开发环境下创建自定义的仪器。这些创建的仪器具备 LabVIEW 开发系统的全部功能，包括数据获取、仪器控制和运算分析等。

LabVIEW 仪器可以是输入仪器，也可以是输出仪器。输入仪器接收仿真数据用于显示和处理。输出仪器可以将数据作为信号源在仿真中使用。需要注意的是，一个 LabVIEW 虚拟仪器不能既作为输入仪器又作为输出仪器。

创建和修改 LabVIEW 虚拟仪器，用户必须拥有 LabVIEW 8.0 或更高版本的开发环境，还要安装 LabVIEW 实时运行引擎在用户的计算机中。它的版本需和用于创建仪器的 LabVIEW 开发环境相对应。NI Circuit Design Suite 已经提供了 LabVIEW 8.0 和 LabVIEW 8.2 实时运行引擎。

Multisim 10 软件中具备了以下几种 LabVIEW 虚拟仪器的开发功能：

1）Microphone（麦克风）：用于记录计算机声音装置的音频信号，以及把声音数据作为信号源输出。

2）Speaker（扬声器）：通过计算机声音设备播放输入的信号。

3）Signal Generator（信号发生器）：产生正弦波、三角波、方波和锯齿波。

4）Signal Analyzer（信号分析仪）：显示时域信号，自动功率频谱或运行平均输入信号。

19．测量探针和电流探针

Multisim 提供测量探针和电流探针。在电路仿真时，将测量探针和电流探针连接到电路中的测量点，测量探针即可测量出该点的电压和频率值，如图 1-55 所示。电流探针即可测量出该点的电流值。

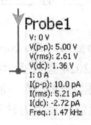

图 1-55　测试探针

以上这些虚拟仪器大致可分为三类，即模拟类仪器、数字类仪器和频率类仪器。模拟类仪器有数字万用表、函数信号发生器、瓦特表、示波器、IV 特性分析仪等；数字类仪器有字信号发生器、逻辑分析仪、逻辑转换仪等；频率类仪器有频率计、频谱分析仪、网络分析仪等。进行电路仿真分析时，对不同类型的电路可选用相应的测试仪器，如数字量的测量可选用逻辑分析仪。但有的虚拟仪器可混用，如示波器可测量模拟电压信号，也可测量数字信号（脉冲波形）。总之，测试仪器的使用可根据用户的习惯选择。

1.4 Multisim 10 的仿真分析

Multisim 10 提供了多种仿真分析方法，用户在对电路仿真分析时，可选用合适的仿真分析方法分析电路。下面简要介绍这些仿真分析方法，以及它们特点和应用场合。

（1）DC（直流）工作点分析

直流工作点分析是在电路电感短路、电容开路的情况下，计算电路的静态工作点。直流分析的结果通常可用于电路的进一步分析，如在进行暂态分析和交流小信号分析之前，程序会自动先进行直流工作点分析，以确定暂态的初始条件和交流小信号情况下非线性器件的线性化模型参数。

（2）AC（交流）频率分析

交流频率分析是分析电路的小信号频率响应。分析时程序先对电路进行直流工作点分析，以便建立电路中非线性元件的交流小信号模型，并把直流电源置 0，交流信号源、电容及电感等用其交流模型，如果电路中含有数字元件，将认为是一个接地的大电阻。交流分析是以正弦波为输入信号，不管电路的输入端接何种输入信号，进行分析时都将自动以正弦波替换，而其信号频率也将在设定的范围内被替换。交流分析的结果，以幅频特性和相频特性两个图形显示。如果将波特图仪连至电路的输入端和输出端，也可获得同样的交流频率特性。

（3）瞬态分析

瞬态分析是一种时域分析，可以在激励信号（或没有任何激励信号）的情况下计算电路的时域响应。分析时，电路的初始状态可由用户自行制定，也可由程序自动进行直流分析，用直流解作为电路初始状态。瞬态分析的结果通常是分析结点的电压波形，故可用示波器观测到相同的结果。

（4）傅里叶积分

傅里叶积分在给定的频率范围内，对电路的瞬态进行傅里叶分析，计算出该瞬态响应的DC 分量、基波分量以及各次谐波分量的幅值及相位。

（5）噪声分析

噪声分析对指定的电路分析节点，输入噪声源以及扫描频率范围，计算所有电阻与半导体器件所贡献的噪声的方均根值。

（6）失真分析

失真分析对给定的任意节点以及扫频范围、扫频类型（线性或对数）与分辨率，计算总的小信号稳态谐波失真与互调失真。

（7）灵敏度分析

灵敏度分析包括 DC（直流）分析和 AC（交流）两种灵敏度分析。用于对元件的某个感兴趣的参数，计算由该参数的变化而引起的 DC 或 AC 电压与电流的变化灵敏度。

（8）参数扫描分析

参数扫描分析对给定的元件及其要变化的参数和扫描范围、类型（线性或对数）与分辨率，计算电路的 DC、AC 或瞬态响应，从而可以看出各个参数对某些性能的影响程度。

（9）温度扫描分析

温度扫描分析对给定的温度变化范围、扫描类型（线性或对数）与分辨率，计算电路的 DC、AC 或瞬态响应，从而可以看出温度对某些性能的影响程度。

（10）零极点分析

零极点分析对给定的输入与输出极点，以及分析类型（增益或阻抗的传递函数，输入或输出阻抗），计算交流小信号传递函数的零、极点。从而可以获得有关电路稳定性的信息。

（11）传递函数分析

传递函数分析对给定的输入源与输入节点，计算电路的 DC 小信号传递函数以及输入、输出阻抗和 DC 增益。

（12）最坏情况分析

最坏情况分析即当电路中所有元件的参数在其容差范围内改变时，计算由此引起的 DC、AC 或瞬态响应变化的最大方差。所谓"坏情况"是指元件参数的容差设置为最大值、最小值或最大上升或下降值。

（13）蒙特卡罗分析

蒙特卡罗分析即在给定的容差范围内，计算当元件参数随机地变化时，对电路的 DC、AC 或瞬态响应的影响。可以对元件参数容差的随机分布函数进行选择，使分析结果更符合实际情况。通过该分析可以预计由于制造过程中元件的误差，而导致所设计的电路不合格的概率。

1.5 思考题

1．调入工作区的元件，怎样改变其方向？
2．怎样修改电路图中的网络名，怎样隐藏网络名称？
3．在仪器仪表中，共有哪几种示波器？
4．如果只知道某元件型号，不知道其归属哪个元件库，怎样调用该元件？

第2章　电子秒表的设计与开发

电子秒表是重要的计时工具,广泛运用于各行各业。它可应用于对运动物体的速度、加速度的测量实验,还可应用于验证牛顿第二定律、机械能守恒等物理实验,同时也适用于对时间测量精度要求较高的场合,是一种测定短时间间隔的仪表。作为一种测量工具,电子秒表相对于其他一般的记时工具具有便捷、准确、可比性高等特点,不仅可以提高精确度,而且可以大大减轻操作人员的负担,降低错误率。

2.1　电子秒表的设计要求

1. 计时范围为 0.0s~9.9s。
2. 精度达到 0.02s。
3. 具有启动、停止的功能。

2.2　电子秒表的工作原理

电子秒表的电路框图如图 2-1 所示,主要由脉冲产生电路、主控制电路、封锁电路、分频电路、计数器电路、译码显示电路组成。根据设计要求,需要 10Hz 时钟脉冲信号,因此可以设计一个频率稍高的时钟脉冲信号再进行分频得到,计数器进行 0~99 的加计数、再通过译码显示模块显示出来,主控制电路控制计数器的清零、重新计数和数据停止。

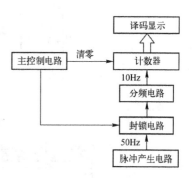

图 2-1　电子秒表的电路框图

2.3　Multisim 10 在电子秒表设计中的应用

2.3.1　单元电路的设计

1. 50Hz 时钟产生电路的设计及仿真

(1)创建电路

在元件库"Mixed/Timer"里调入"LM555CM",在"Basic/Resister"里调入电阻,在"Basic/Capacitor"里调入电容,在"Basic/Potentiometor"里调入电位器,设置相应的参数,连接成如图 2-2 所示的多谐振荡器,并调入示波器观察波形。示波器的多个通道可以用不同的颜色导线来区分,这样方便波形的观察。

（2）仿真分析

双击示波器，即可打开示波器面板，如图 2-3 所示。运行文件，即可观察到示波器上有波形出现；调节时间灵敏度和幅值灵敏度，适当缩放波形，适当调整波形基准线"Y Position"，即可拉开波形位置，方便观察。在波形屏幕上，有两个游标——拉动游标 1 和游标 2，观察到下方的数据表格里的数据在发生变化，Time 表示时间轴的两个游标的数据以及两个游标的差值，"Channel A"和"Channel B"分别表示通道 A 和通道 B 的幅值以及两个游标的差值。把游标卡在一个周期的位置，这里观察到的 17.5ms 即是输出波形一个周期的时间。这里需要的是 50Hz，也就是 20ms。适当调节电位器 RW 的值，即可把输出频率调至 50Hz。

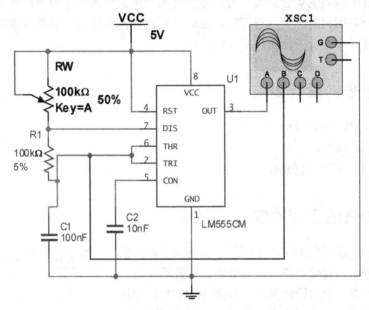

图 2-2　555 组成的多谐振荡器

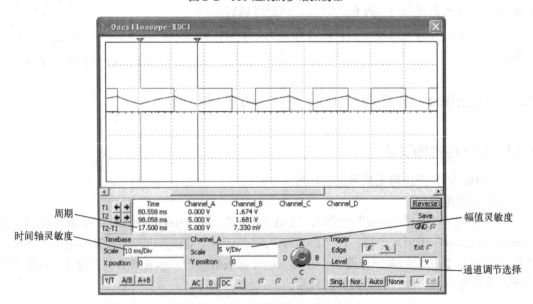

图 2-3　555 多谐振荡器输出波形

（3）存储文件

把文件存储为"脉冲产生电路"。

2．控制电路的设计及仿真

控制电路需要控制计数的复位启动、停止计数。这里用基本 RS 触发器和单稳态触发器来设计，如图 2-4 所示。

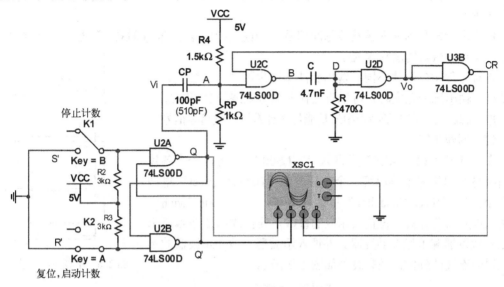

图 2-4　电子秒表控制电路图

（1）原理分析

① 基本 RS 触发器。图 2-4 中由两个集成与非门构成的基本 RS 触发器属低电平直接触发的触发器，有直接置位、复位的功能。

图 2-5 为由两个与非门交叉耦合构成的基本 RS 触发器，它是无时钟控制低电平直接触发的触发器，其功能表见表 2-1。基本 RS 触发器具有置"0"、置"1"和"保持"三种功能。通常称 $\overline{S}$ 为置"1"端，因为 $\overline{S}=0$（$\overline{R}=1$）时触发器被置"1"；$\overline{R}$ 为置"0"端，因为 $\overline{R}=0$（$\overline{S}=1$）时触发器被置"0"；当 $\overline{R}=\overline{S}=1$ 时状态保持；$\overline{R}=\overline{S}=0$ 时，触发器输出状态不定，应避免此种情况发生。

表 2-1　基本 RS 触发器功能表

输　入		输　　出	
$\overline{S}$	$\overline{R}$	Q^{n+1}	$\overline{Q^{n+1}}$
0	1	1	0
1	0	0	1
1	1	Q^n	$\overline{Q^n}$
0	0	Φ	Φ

注：Φ为不定态

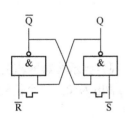

图 2-5　基本 RS 触发器

图 2-5 中，基本 RS 触发器的一路输出 Q 作为单稳态触发器的输入，另一路输出 $\overline{Q}$ 作为封锁脉冲信号的输入控制信号。

按动复位按钮开关 K_2（接地），则 $\overline{Q}=1$，门 3A 开启（见图 2-11），为计数器启动做好准备，$Q=0$，Q 输出的负脉冲启动单稳态触发器，使得计数器复位；K_2 复位后，Q、$\overline{Q}$ 状态保持不变。再按动停止按钮开关 K_1（接地），则 Q 由 0 变为 1，$\overline{Q}$ 由 1 变 0，门 3A 封锁。

基本 RS 触发器在电子秒表中的功能是启动和停止秒表的工作。

② 单稳态触发器。图 2-4 中用集成与非门构成的微分型单稳态触发器的各点波形图如图 2-6 所示。

单稳态触发器的输入触发负脉冲信号 V_i 由基本 RS 触发器 Q 端提供，输出负脉冲 V_0 通过非门加到计数器的清除端 R_0。

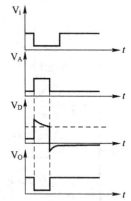

定时元件 RC 取值不同，输出脉冲宽度也不同。当触发脉冲宽度小于输出脉冲宽度时，可以省去输入微分电路的 R_P 和 C_p。

单稳态触发器在电子秒表中的功能是为计数器提供清零信号。

（2）创建电路

在元件库"TTL/74LS"里调入"74LS00"，注意同一个芯片的四组与非门用完了再用第二个芯片，在"Basic/Resister"里调入电阻，在"Basic/Capacitor"里调入电容，在"Basic/Swich"里调入单刀双掷开关，设置成相应的参数，连接成如图 2-4 所示的 RS 触发器和单稳态触发器。并调入示波器，改变示波器的不同通道的连线的颜色，观察波形如图 2-7 所示。

图 2-6　单稳态各点波形图

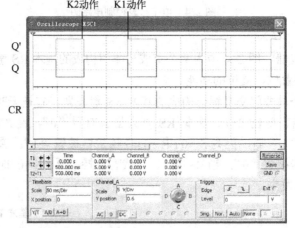

图 2-7　单稳态触发器各点输出波形

单击运行按钮，进行仿真分析，观察仿真结果。

操作说明：

● 将开关 K_2 切换到下触点，输入低电平，系统自动运行。观察到示波器屏幕上 RS 触发器的两个输出端电位均翻转，U2A(Q)输出 1，U2B(Q')输出为 0，这个信号即可封锁脉冲信号。再把 K_2 切换到上触点。

● 将开关 K_1 切换到下触点，输入低电平。观察到示波器屏幕上 RS 触发器的两个输出端电位均翻转，U2A(Q)输出 0，U2B(Q')输出为 1，同时单稳态触发器输出一个正脉冲。此正脉冲将用于清除计数器。再将 K_1 切换到上触点。

（3）存储文件

将文件存储为"控制电路"。

3．分频及计数器电路的设计及仿真

（1）创建电路

在元件库"TTL/74LS"里调入"74LS90"，在"Basic/Resister"里调入电阻，在"Basic/Capacitor"里调入电容，在"Basic/Swich"里调入按键开关，在"Source/Signal Voltage Source"里调入脉冲信号"Clock_Voltage"，设置成50Hz。并调入示波器观察波形如图2-8所示。U4组成的五进制计数器实现五分频的功能，U5和U6则组成一百进制加计数。

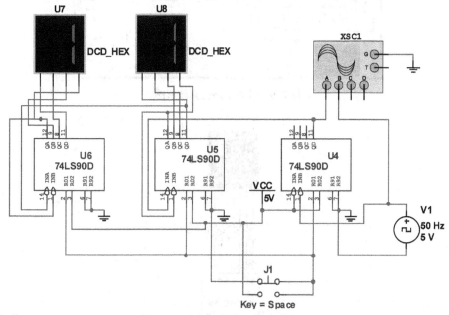

图2-8　分频及计数器仿真电路图

（2）仿真分析

单击运行按钮，进行仿真分析，观察仿真结果。

操作说明：

● 单击按钮开关 J_1，数据复位为00，然后开始递增，最多到99。在任何情况下，再次单击开关 J_1，数据又复位为00，然后开始递增。

● 双击示波器，打开示波器面板，如图2-9所示，即可观察到分频电路的脉冲信号输入输出关系，利用游标测量，输入脉冲周期为20ms，输出脉冲周期为100ms，符合设计要求。

（3）存储文件

单击存储按钮，将文件存储为"计数器电路"。

4．译码电路的设计及仿真。

（1）创建电路

在元件库"CMOS/CMOS_5V"里调入"4511"，在"Basic/Resister"里调入电阻，在"Indicators/Hexdisplay"里调入共阴极七段数码管"Seven_Seg_Com_K"，连接成如图2-10所示的译码显示电路。把数据输入端DCBA接至高低电平上，并设置数据。

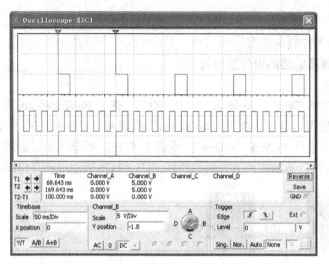

图 2-9　分频电路仿真波形图

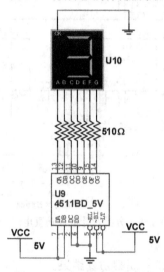

图 2-10　译码器仿真电路图

单击运行按钮，进行仿真分析，观察仿真结果。

操作说明：

● 设置输入数据 DCBA 为 0011，观察数码管是否显示为 3。正常显示从 0～9。

● 改变输入数据 DCBA 的值，如 1111，观察数码管数据是否消隐。这是 4511 的拒伪码功能的体现。

（2）存储文件

单击存储按钮，将文件存储为"译码显示电路"。

2.3.2　电子秒表总电路的设计及仿真

（1）创建电路

新建文档，按照设计框图把各部分组合起来，如图 2-11 所示，在总电路中，U3A 实现对 50Hz 信号的封锁功能。

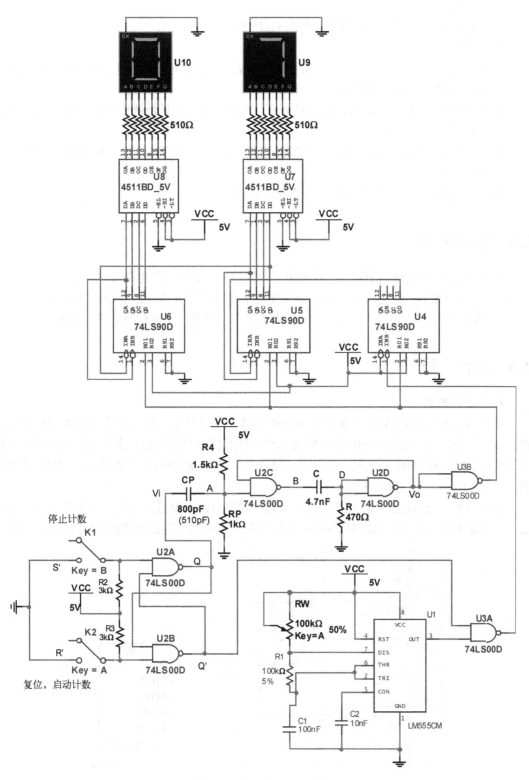

图 2-11 电子秒表总电路图

（2）仿真分析

单击运行按钮，进行仿真分析，观察仿真结果。

操作说明：

● 将开关 K_2 切换到下触点，输入低电平，系统自动运行。观察数据是否从 00～99 递增。再将 K_2 切换到上触点。

● 将开关 K_1 切换到下触点，输入低电平。观察输出数据是否停止不变。再将 K_1 切换到上触点。

● 再次将开关 K_2 切换到下触点，观察数据是否从 00～99 递增。再将 K_2 切换到上触点。

（3）存储文件

单击存储按钮，将文件存储为"电子秒表总电路"。

2.4 实验要求

1）按任务要求设计电子秒表，并分单元电路进行仿真和总体电路调试。

2）设计任务中把精度改为 0.01s，试调整相关参数和单元电路，并进行电路仿真。

3）设计任务中加入一个开关，控制秒表的暂停，试设计出该电路并进行仿真。

2.5 元件介绍

1. 555 定时器

这里用 LM555CM 定时器构成的多谐振荡器是一种数字、模拟混合型的中规模集成电路，应用十分广泛。它是一种产生时间延迟和多种脉冲信号的电路，由于内部电压标准使用了三个阻值为 5kΩ 的精密电阻，故取名 555 电路。其电路类型有双极型和 CMOS 型两大类，二者的结构与工作原理类似。

555 电路的内部电路框图如图 2-12 所示。它含有两个电压比较器、一个基本 RS 触发器、一个放电开关管 VT，比较器的参考电压由三只 5kΩ 的电阻器构成的分压器提供。它们

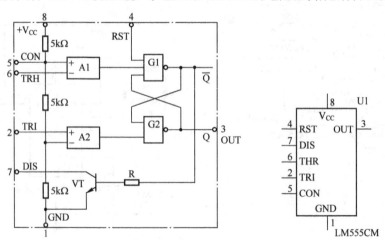

图 2-12 555 定时器内部框图及引脚排列

分别使高电平比较器 A_1 的同相输入端和低电平比较器 A_2 的反相输入端的参考电平为 $2/3V_{CC}$ 和 $1/3V_{CC}$。A_1 和 A_2 的输出端控制 RS 触发器状态和放电管开关状态。当输入信号自 6 脚输入，即高电平触发输入并超过参考电平 $2/3V_{CC}$ 时，触发器复位，555 的输出端 3 脚输出低电平，同时放电开关管导通；当输入信号自 2 脚输入并低于 $1/3V_{CC}$ 时，触发器置位，555 的 3 脚输出高电平，同时放电开关管截止。

$\overline{R_D}$ 是复位端（4 脚），当 $\overline{R_D}=0$ 时，555 输出低电平。平时 $\overline{R_D}$ 端开路或接 V_{CC}。

V_C 是控制电压端（5 脚），平时输出 $2/3V_{CC}$ 作为比较器 A_1 的参考电平，当 5 脚外接一个输入电压，即改变了比较器的参考电平，从而实现对输出的另一种控制，在不接外加电压时，通常接一个 $0.01\mu F$ 的电容器到地，起滤波作用，以消除外来的干扰，确保参考电平的稳定。555 定时器的功能表见表 2-2。

表 2-2　555 定时器的功能表

输　　入			输　　出	
RST	THR	TRI	OUT	T 状态
0	×	×	低	导通
1	$>(2/3)V_{CC}$	$>(1/3)V_{CC}$	低	导通
1	$<(2/3)V_{CC}$	$>(1/3)V_{CC}$	不变	不变
1	$<(2/3)V_{CC}$	$<(1/3)V_{CC}$	高	截止
1	$>(2/3)V_{CC}$	$<(1/3)V_{CC}$	高	截止

VT 为放电管，当 VT 导通时，将给接于 7 脚的电容器提供低阻放电通路。

555 定时器主要是与电阻、电容构成放电电路，并由两个比较器来检测电容器上的电压，以确定输出电平的高低和放电开关管的通断。这就很方便地构成从微秒到数十分钟的延时电路，也可方便地构成单稳态触发器、多谐振荡器、施密特触发器等脉冲产生或波形变换电路。

（1）构成单稳态触发器

图 2-13a 为定时器和外接定时元件 R、C 构成的单稳态触发器。触发电路由 C_1、R_1、VD 构成，其中 VD 为钳位二极管，稳态时 555 电路输入端处于电源电平，内部放电开关管 VT 导通，输出端 F 输出低电平，当有一个外部负脉冲触发信号经 C_1 加到 2 端。并使 2 端电位瞬时低于 $1/3V_{CC}$，低电平比较器动作，单稳态电路即开始一个暂态过程，电容 C 开始充电，V_C 按指数规律增长。当 V_C 充电到 $2/3V_{CC}$ 时，高电平比较器动作，比较器 A_1 翻转，输出 V_o 从高电平返回低电平，放电开关管 VT 重新导通，电容 C 上的电荷很快经放电开关管放电，暂态结束，恢复稳态，为下一个触发脉冲的来到作好准备。波形图如图 2-13b 所示。

暂稳态的持续时间 t_w（即为延时时间）决定于外接 R、C 值的大小。

$$t_w=1.1RC$$

通过改变 R、C 的大小，可使延时时间在几个微秒到几十分钟之间变化。当这种单稳态电路作为计时器时，可直接驱动小型继电器，并可以使用复位端（4 脚）接地的方法来中断暂态，重新计时。此外尚须用一个续流二极管与继电器线圈并连，以防继电器线圈反电势损坏内部功率管。

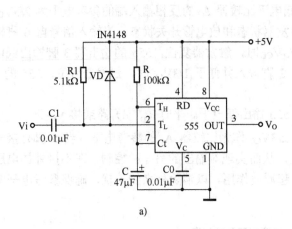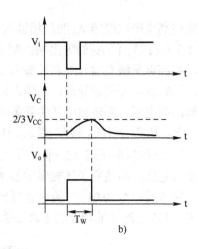

图 2-13 555 构成的单稳态触发器

（2）构成多谐振荡器

如图 2-14a 所示，由 555 定时器和外接元件 R_1、R_2、C 构成多谐振荡器，脚 2 与脚 6 直接相连。电路没有稳态，仅存在两个暂稳态，电路亦不需要外加触发信号。利用电源通过 R_1、R_2 向 C 充电，以及 C 通过 R_2 向放电端 C_1 放电，使电路产生振荡。电容 C 在 $1/3V_{CC}$ 和 $2/3V_{CC}$ 之间充电和放电，其波形如图 2-14b 所示。输出信号的时间参数是

$$T = t_{w1} + t_{w2}$$

$$t_{w1} = 0.7（R_1 + R_2）C$$

$$t_{w2} = 0.7 R_2 C$$

555 电路要求 R_1 与 R_2 均应大于或等于 1kΩ，但 $R_1 + R_2$ 应小于或等于 3.3MΩ。

外部元件的稳定性决定了多谐振荡器的稳定性，555 定时器配以少量的元件即可获得较高精度的振荡频率和具有较强的功率输出能力。因此这种形式的多谐振荡器应用很广。

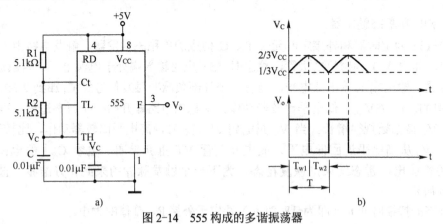

图 2-14 555 构成的多谐振荡器
a) 多谐振荡器电路图   b) 多谐振荡器波形图

（3）组成施密特触发器

施密特触发器电路如图 2-15 所示，只要将脚 2、6 连在一起作为信号输入端，即得到施密特触发器。图 2-16 表示出了 V_s、V_i 和 V_o 的波形图。

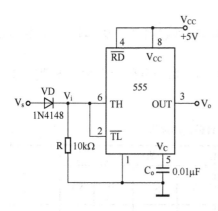

图 2-15　555 构成的施密特触发器

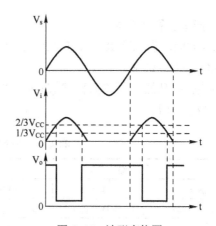

图 2-16　波形变换图

设被整形变换的电压为正弦波 V_s，其正半波通过二极管 VD 同时加到 555 定时器的 2 脚和 6 脚，得 V_i 为半波整流波形。当 V_i 上升到 $2/3V_{CC}$ 时，V_o 从高电平翻转为低电平；当 V_i 下降到 $1/3V_{CC}$ 时，V_o 又从低电平翻转为高电平。电路的电压传输特性曲线如图 2-17 所示。

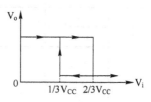

图 2-17　电压传输特性

回差电压　$\triangle V = 2/3V_{CC} - 1/3V_{CC} = 1/3V_{CC}$

2．74LS90 加法计数器

分频电路实现的方法很多，触发器一类和计数器一类都可以实现，只要根据分频倍数关系设计即可。在本设计中，采用 74LS90 来实现五分频和计数功能。

74LS90 是异步二——五——十进制加法计数器，它既可以作为二进制加法计数器，又可以作五进制和十进制加法计数器。

图 2-18 所示为 74LS90 引脚排列，表 2-3 为其功能表。

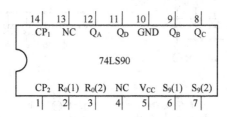

图 2-18　74LS90 引脚排列

通过不同的连接方式，74LS90 可以实现四种不同的逻辑功能，而且还可借助 $R_0(1)$、$R_0(2)$ 对计数器清零，借助 $S_9(1)$、$S_9(2)$ 将计数器置 9。其具体功能详述如下：

1）计数脉冲 CP_1 输入，Q_A 作为输出端，为二进制计数器。

2）计数脉冲 CP_2 输入，$Q_DQ_CQ_B$ 作为输出端，为异步五进制计数器。

3）若将 CP_2 和 Q_A 相连，计数脉冲由 CP_1 输入，Q_D、Q_C、Q_B、Q_A 作为输出端，则构成异步 8421 码十进制加法计数器。

4）若将 CP_1 和 Q_D 相连，计数脉冲由 CP_2 输入，Q_A、Q_D、Q_C、Q_B、作为输出端，则构成异步 5421 码十进制加法计数器。

5）清零、置9功能。

① 异步清零。若 $R_0(1)$、$R_0(2)$ 均为 "1"；$S_9(1)$、$S_9(2)$ 中有 "0" 时，实现异步清零功能，$Q_DQ_CQ_BQ_A=0000$。

② 置 9 功能。若 $S_9(1)$、$S_9(2)$ 均为 "1"；$R_0(1)$、$R_0(2)$ 中有 "0" 时，实现置 9 功能，$Q_DQ_CQ_BQ_A=1001$。

表 2-3　74LS90 加法计数器功能表

输　入						输　出				功　能
清 0		置 9		时钟		Q_D	Q_C	Q_B	Q_A	
$R_0(1)$	$R_0(2)$	$S_9(1)$	$S_9(2)$	CP_1	CP_2					
1	1	0	×	×	×	0	0	0	0	清 0
		×	0	×	×					
0	×	1	1	×	×	1	0	0	1	置 9
×	0			×	×					
0	×	0	×	↓	1	Q_A 输出				二进制计数器
×	0	×	0	1	↓	$Q_DQ_CQ_B$ 输出				五进制计数器
				↓	Q_A	$Q_DQ_CQ_BQ_A$ 输出 8421BCD 码				十进制计数器
				Q_D	↓	$Q_AQ_DQ_CQ_B$ 输出 5421BCD 码				十进制计数器
				1	1	不变				保持

3．七段发光二极管（LED）数码管

LED 数码管是目前最常用的数字显示器，图 2-19a、b 为共阴管和共阳管的电路，c 为两种不同形式的引脚功能图。

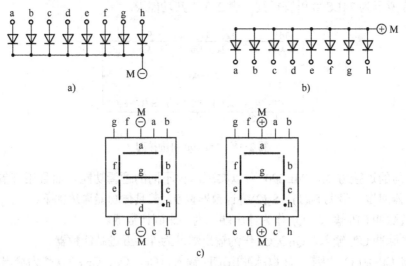

图 2-19　LED 数码管

a) 共阴连接（"1" 电平驱动）　b) 共阳连接（"0" 电平驱动）　c) 符号及引脚功能

一个 LED 数码管可用来显示一位 0～9 十进制数和一位小数点。小型数码管（0.5 英寸

和 0.36 英寸）每段发光二极管的正向压降，随显示光（通常为红、绿、黄、橙色）的颜色不同略有差别，通常约为 2～2.5V，每个发光二极管的点亮电流在 5～10mA。LED 数码管要显示 BCD 码所表示的十进制数字就需要有一个专门的译码器，该译码器不但要完成译码功能，还要有相当的驱动能力。

4．BCD 码七段译码驱动器

此类译码器型号有 74LS47（共阳）、CC4511（共阴）等，本实验采用 CC4511 BCD 码锁存/七段译码/驱动器。驱动共阴极 LED 数码管。图 2-20 为 CC4511 引脚排列。

其中：

A、B、C、D——BCD 码输入端。

a、b、c、d、e、f、g——译码输出端，输出"1"有效，用来驱动共阴极 LED 数码管。

$\overline{LT}$ ——测试输入端，$\overline{LT}$ ="0"时，译码输出全为"1"。

$\overline{BI}$ ——消隐输入端，$\overline{BI}$ ="0"时，译码输出全为"0"。

LE——锁定端，LE="1"时译码器处于锁定（保持）状态，译码输出保持在 LE=0 时的数值，LE=0 为正常译码。

表 2-4 为 CC4511 功能表。CC4511 内接有上拉电阻，故只需在输出端与数码管同名端之间串入限流电阻即可工作。译码器还有拒伪码功能，当输入码超过 1001 时，输出全为"0"，数码管熄灭。CC4511 与 LED 数码管的连接如图 2-21 所示。

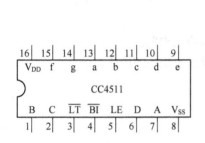

图 2-20　CC4511 引脚排列

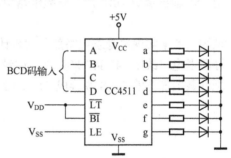

图 2-21　CC4511 驱动一位 LED 数码管

表 2-4　CC4511 功能表

| 输　入 | | | | | | | 输　出 | | | | | | | |
LE	$\overline{BI}$	$\overline{LT}$	D	C	B	A	a	b	c	d	e	f	g	显示字形
×	×	0	×	×	×	×	1	1	1	1	1	1	1	〓
×	0	1	×	×	×	×	0	0	0	0	0	0	0	消隐
0	1	1	0	0	0	0	1	1	1	1	1	1	0	〇
0	1	1	0	0	0	1	0	1	1	0	0	0	0	丨
0	1	1	0	0	1	0	1	1	0	1	1	0	1	己
0	1	1	0	0	1	1	1	1	1	1	0	0	1	彐
0	1	1	0	1	0	0	0	1	1	0	0	1	1	屮
0	1	1	0	1	0	1	1	0	1	1	0	1	1	弓
0	1	1	0	1	1	0	0	0	1	1	1	1	1	凵

输	入						输	出						显示字形
LE	$\overline{BI}$	$\overline{LT}$	D	C	B	A	a	b	c	d	e	f	g	
0	1	1	0	1	1	1	1	1	1	0	0	0	0	
0	1	1	1	0	0	0	1	1	1	1	1	1	1	
0	1	1	1	0	0	1	1	1	1	0	0	1	1	
0	1	1	1	0	1	0	0	0	0	0	0	0	0	消隐
0	1	1	1	0	1	1	0	0	0	0	0	0	0	消隐
0	1	1	1	1	0	0	0	0	0	0	0	0	0	消隐
0	1	1	1	1	0	1	0	0	0	0	0	0	0	消隐
0	1	1	1	1	1	0	0	0	0	0	0	0	0	消隐
0	1	1	1	1	1	1	0	0	0	0	0	0	0	消隐
1	1	1	×	×	×	×	锁		存					锁存

2.6 思考题

1. 把 555 输出频率调整成 1000Hz，试调整相关参数？

2. 把 555 输出调成 40Hz，在分频电路中，用 D 触发器 74LS74 来实现四分频，试设计该电路。

3. 试用 555 来实现单稳态电路部分的设计。

4. 译码器电路改用 74LS47 来实现，试设计出相应的电路。

5. 把计数器部分的 74LS90 换成 74LS192，试设计出相应的电路。

第3章 交通信号控制系统的设计与开发

交通管理系统是一个城市交通管理系统的重要组成部分，其性能的优劣直接关系到城市的现代化水平，本章设计的电子电路系统模拟十字路口的交通灯管理，管理车辆通过十字路口。在十字路口的正中，面对各方向悬挂红、绿、黄三色信号灯及表示禁止（或允许）通行时间的数码显示牌，包括信号灯（红、绿、黄三色信号灯）管理和时间牌管理。

3.1 交通灯管理系统的设计要求

1．一个十字路口交通灯控制电路，要求主干道与支干道交替通行。主干道通行时绿灯亮，支干道红灯亮，时间为60s。支干道通行时绿灯亮，主干道红灯亮，时间为30s。

2．每次绿灯变红时，要求黄灯先闪烁3s（频率为5Hz）。此时另一路口红灯也不变。

3．在绿灯亮（通行时间内）和红灯亮（禁止通行时间内）均有倒计时显示。

3.2 交通灯管理系统的工作原理

分析交通灯管理系统的设计要求，电路实现可采用单片机控制方式，也可采用数字电路控制方式。考虑到用 Multisim 进行仿真设计，本系统电路选用数字控制方式。并根据设计要求，按单元电路分析电路的工作原理。

如图 3-1 所示，交通灯显示流程分 4 个阶段。

① 阶段：主干道绿灯亮（支干道红灯亮）。

② 阶段：主干道黄灯闪（支干道红灯亮）。

③ 阶段：主干道红灯亮（支干道绿灯亮）。

④ 阶段：主干道红灯亮（支干道黄灯闪）。

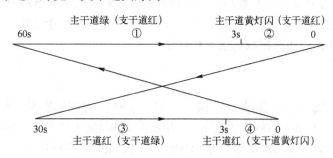

图 3-1 交通灯显示流程

从图中可以看出，由于时间牌从 60s 到 0s，又从 30s 到 0s 进行减计数，因此需要用到减计数器，具体应选输出是两位 BCD 码的减计数器。

按秒减则需要提供秒脉冲，黄灯按 5Hz 闪烁，则需要提供 5Hz 脉冲。这两个脉冲信号由时钟发生电路提供，可先设计一个频率稍高的脉冲信号 100Hz，再进行分频得到相应频率的脉冲信号，这样有利于保证精确度。

减计数至 0s，红绿灯交替。这意味着，应将 0s 这种状态识别出来，做为"检 0 信号"，控制计数器置入另一组数据 30s 或 60s，并控制红绿灯的交替。

减计数至小于等于 3s，黄灯闪烁。这意味着，应能将 01～03s 从计数结果中识别出来，故应有"检 3 信号"承担对 01～03s 的译码任务；并有"黄灯闪烁控制电路"控制黄灯的闪烁。

加入译码显示电路，承担计数结果的显示任务。

加入信号灯译码驱动电路，承担驱动信号灯（红、绿、黄三色信号灯）发光的任务。

按以上分析，可设计出交通信号控制系统的原理框图，如图 3-2 所示。

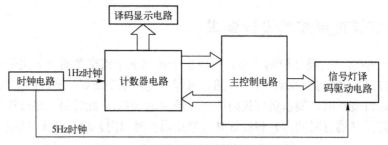

图 3-2   交通信号控制系统的原理框图

3.3   Multisim 10 在交通信号控制系统设计中的应用

根据交通信号控制系统的功能要求，确定了交通信号控制系统的设计方案，设计了系统的原理框图和单元电路。通过用 Multisim 10 对交通信号控制系统的仿真分析，说明复杂电路系统仿真分析的步骤和方法，建立对综合性电路的设计思路。

3.3.1   单元模块电路的设计

用 Multisim 10 仿真时，将硬件电路分为时钟产生模块、计数器模块、译码模块、主控制电路模块，其他部件如 LED 数码管、红黄绿信号灯则放在总体电路中，以便观察结果。在这里，时钟产生模块分成 100Hz 时钟产生电路和分频电路两部分组成。

1. 100Hz 时钟产生电路模块的设计和封装

设计步骤如下：

（1）创建电路

这里利用 555 组成多谐振荡器，利用电容 C1 的充放电，使得输出得到矩形波，如图 3-3 所示。选择元器件创建 100Hz 时钟产生电路，并用示波器测试输出波形 A 和电容 C1 的充放电波形 B，调试相关参数，使输出波形频率为 100Hz，并记录元件参数和波形。

（2）添加模块引脚

选择 Place/Connectors/HB/SC Connector 命令，将其更名为 100Hz。

（3）存储文件

单击存储按钮，将编辑的图形文件存盘，文件名为"555 产生的时钟脉冲模块.ms10"。

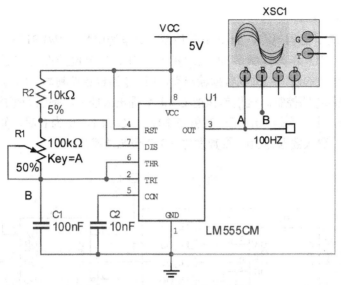

图 3-3　100Hz 时钟产生电路模块

（4）模块封装

模块封装在总体电路设计环境中进行。

2．分频电路模块的设计和封装

（1）创建电路

选择元器件创建分频电路，如图 3-4 所示。在 100Hz 处加入 CLOCK_VOLTAGE，输入 100Hz 脉冲信号，用示波器观察输入/输出信号，观察输入/输出频率关系并做好波形记录。此处选用两个 74LS192 加计数级联进行 20 分频和 100 分频得到 5Hz 和 1Hz 时钟脉冲信号。

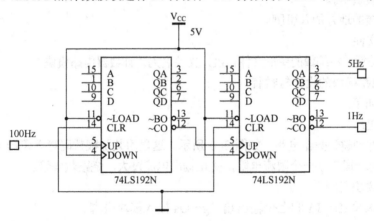

图 3-4　分频电路模块

（2）添加模块引脚

在需要外接的引脚加入 100Hz、5Hz 和 1Hz 的信号。

（3）存储文件

单击储存按钮，将编辑的图形文件存盘，文件名为"分频电路模块"。

3．计数器电路模块的设计与封装

设计步骤如下：

（1）创建电路

选择元器件创建计数器电路，如图 3-5 所示。这里选用两个 74LS192 减计数级联组成一百进制减计数器，1Hz 作为计数脉冲，L_QD～L_QA 为个位的四位二进制数据输出端，H_QD～H_QA 为十位的四位二进制数据输出端，LD 作为置数控制端、C、A 作为可改变的置入数据，都受主控制电路控制。这里单独把 C 和 A 提出来控制，是因为每次计数到 0 后，置入的数据需要改变，上一次是 60，下一次就是 30。当 C 为 1，A 为 0 时，置入数据为 60；当 C 为 0，A 为 1 时，置入数据为 30。置数发生在 LD 负脉冲瞬间。

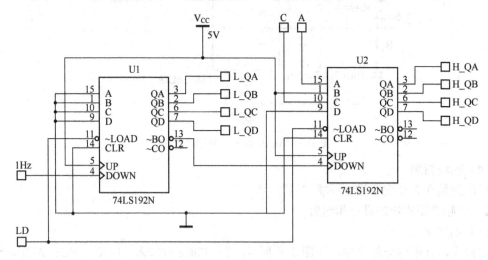

图 3-5　计数器电路模块

（2）添加模块引脚

在需要外接的地方加入引脚。

（3）存储文件

单击储存按钮，将编辑的图形文件存盘，文件名为"计数器电路模块"。

4．译码电路模块的设计与封装

设计步骤如下：

（1）创建电路

选择元器件创建计数器电路，如图 3-6 所示。这里用共阴极数码管译码器 4511 作为译码器件，输出的每一段串联一个限流电阻，防止输出电流过大，烧毁数码管。

（2）添加模块引脚

在四个输入端 ID～IA 和七个输出端 Og～Oa 接入模块引脚。

（3）存储文件

单击储存按钮，将编辑的图形文件存盘，文件名为"译码电路模块"。

5．主控制电路模块的设计与封装

设计步骤如下：

（1）创建电路

选择元器件创建主控制电路，如图 3-7 所示。这里用一个 8 输入或门作为"检 0 信号"，当计数到 0 时，输出 LD 为 0，使得计数器置数。置数后 LD 马上恢复至 1，使得计数又进入计数状态，LD 的上升沿触发 D 触发器，使得触发器输出端 1Q 和～-1Q 发生翻转，也就是 C 和 A 的数据发生翻转，为下一次置数准备好数据。图 3-8 为主控制电路模块的时序图，从中可以看出，在 C 为 1 期间，主干道红灯亮，因此 R1 直接接 C 即可，在 A 为 1 期间，需要把后 3s 区分出来，这里用 6 输入或非门作为"检 3 信号"，当为最后 3s 时，输出为 1，控制 5Hz 信号进入 Y1，使得黄灯 Y1 闪烁，其余则绿灯 G1 亮。

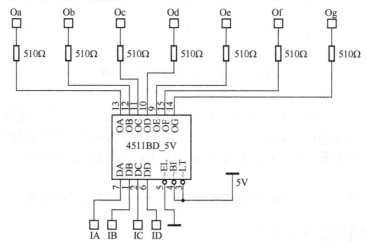

图 3-6 译码电路模块

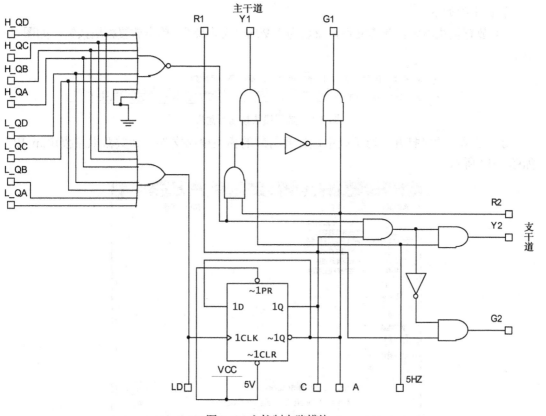

图 3-7 主控制电路模块

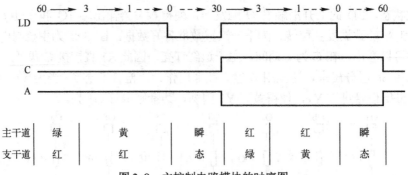

图 3-8　主控制电路模块的时序图

（2）添加模块引脚

H_QD～H_QA 为十位计数器输出端，L_QD～L_QA 为个位计数器输出端，R1、Y1、G1 分别为主干道的红黄绿灯，R2、Y2、G2 分别为支干道的红黄绿灯，LD 为置数控制端，5Hz 为控制黄灯闪烁的脉冲输入端，C 和 A 为置数数据输出端。

（3）存储文件

单击储存按钮，将编辑的图形文件存盘，文件名为"主控制电路模块"。

3.3.2　总体电路的设计和仿真

1．总体电路的设计

设计步骤如下：

1）放置模块电路。新建文件，命名为"交通灯总电路"。单击放置模块按钮，如图 3-9 所示。

图 3-9　放置模块按钮示意图

2）在弹出的"打开"对话框中选择要封装的模块电路文件"计数器电路模块.ms10"，如图 3-10 所示。

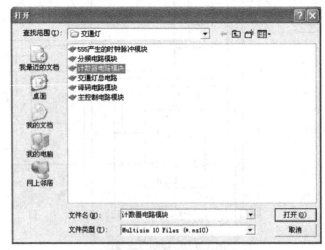

图 3-10　选择封装的模块电路文件

3）单击"打开"按钮，即可实现对电路文件的封装，封装模型如图 3-11 所示。

4）在模块图标上右击，选择 Edit Symbol/Title Block 命令，可编辑封装模型的输入/输出引脚，经调整后的封装模型如图 3-12 所示。编辑时，通常将输入引脚放在模型的左边，将输出引脚放在模型的右边。双击模块图标，可对模块内部电路重新调整和编辑。

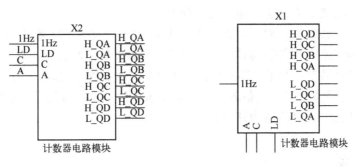

图 3-11　封装模型　　　　　图 3-12　封装后的封装模型

5）依次放置"555 产生的时钟脉冲模块"、"分频电路模块"、"计数器电路模块"、"主控制电路模块"、"译码电路模块"，根据连线需要调整输入/输出引脚位置，调整布局，调入显示器件七段数码管和指示灯，并进行连线，创建交通管理控制总体电路，如图 3-13 所示。

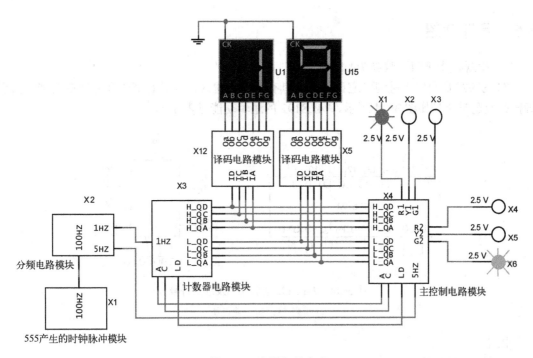

图 3-13　交通灯总电路

2．仿真分析和操作说明

1）仿真运行：单击运行按钮，进行仿真分析，观察仿真结果。

2）操作说明：可在总电路里放置一个示波器，监测 1Hz、LD、C、A 几个点，并观察其波形，观察数码管变化是否发生在 1Hz 的上升沿，最后 3s 是否有绿灯变黄灯闪烁，计数到 0 时 LD 是否出现负脉冲，A 和 C 的数据是否发生翻转。

3.3.3 复杂电路系统仿真应注意的事项

1）采用模块化设计和封装，先对单元电路模块进行仿真分析，再对总体电路进行仿真分析，以提高仿真效率，并使总体电路设计简单。

2）在进行电路设计时，对于输入（如开关）、输出（如 LED 数码管、指示灯、示波器）等不进行封装操作，以便在总体电路中容易观察和调整输入/输出结果。

3）为提高仿真效率，对于电路系统需要用到的时钟脉冲、电源、输出显示部件，设计时可先用系统中的模型替代。等仿真结果满足要求以后，再将自己设计的脉冲产生电路模块、电源模块、显示模块接入总电路中。

3.4 实验要求

1）按任务要求设计交通信号控制系统，并分模块进行仿真和总体电路调试。

2）设计任务中把后 3s 黄灯闪烁改成后 5s 黄灯闪烁，试设计出该电路并进行仿真。

3）设计任务中把 60s 和 30s 分别改为 30s 和 20s，试设计出该电路并进行仿真。

3.5 元件介绍

1. 中规模十进制计数器 74LS192

74LS192 是同步十进制可逆计数器，具有双时钟输入，并具有清除和置数等功能，其引脚排列及逻辑符号如图 3-14 所示。74LS192 的逻辑功能见表 3-1。

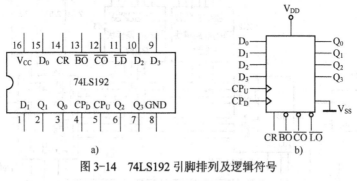

图 3-14　74LS192 引脚排列及逻辑符号

a) 引脚排列　b) 逻辑符号

图中：

$\overline{LD}$——置数端；　　CP$_U$——加计数端；　　CP$_D$——减计数端；　　CR——清除端；

$\overline{CO}$——非同步进位输出端；　　　　　　$\overline{BO}$——非同步借位输出端；

D$_0$、D$_1$、D$_2$、D$_3$——计数器输入端；

Q$_0$、Q$_1$、Q$_2$、Q$_3$——计数器输出端。

表 3-1　74LS192 的逻辑功能表

输　　入								输　　出			
CR	$\overline{LD}$	CP_U	CP_D	D_3	D_2	D_1	D_0	Q_3	Q_2	Q_1	Q_0
1	×	×	×	×	×	×	×	0	0	0	0
0	0	×	×	d	c	b	a	d	c	b	a
0	1	↑	1	×	×	×	×	加计数			
0	1	1	↑	×	×	×	×	减计数			

当清除端 CR 为高电平"1"时，计数器直接清零；CR 置低电平则执行其他功能。

当 CR 为低电平，置数端 $\overline{LD}$ 也为低电平时，数据直接从置数端 D_0、D_1、D_2、D_3 置入计数器。

当 CR 为低电平，$\overline{LD}$ 为高电平时，执行计数功能。执行加计数时，减计数端 CP_D 接高电平，计数脉冲由 CP_U 输入；在计数脉冲上升沿进行 8421 码十进制加法计数。执行减计数时，加计数端 CP_U 接高电平，计数脉冲由 CP_D 输入，表 3-2 为 8421 码十进制加、减计数器的状态转换表。

表 3-2　8421 码十进制加、减计数器的状态转换表

加计数 →

输入脉冲数		0	1	2	3	4	5	6	7	8	9
输出	Q_3	0	0	0	0	0	0	0	0	1	1
	Q_2	0	0	0	0	1	1	1	1	0	0
	Q_1	0	0	1	1	0	0	1	1	0	0
	Q_0	0	1	0	1	0	1	0	1	0	1

← 减计数

2. 计数器的级联使用

一个十进制计数器只能表示 0～9 十个数，为了扩大计数器范围，常用多个十进制计数器级联使用。

同步计数器往往设有进位（或借位）输出端，故可选用其进位（或借位）输出信号驱动下一级计数器。

图 3-15 是由 74LS192 利用进位输出 $\overline{CO}$ 控制高一位的 CP_U 端构成加数级联电路。

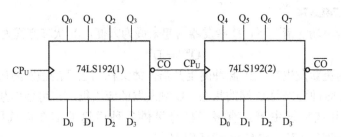

图 3-15　74LS192 级联电路

3．实现任意进制计数器

（1）用复位法获得任意进制计数器

假定已有 N 进制计数器，而需要得到一个 M 进制计数器时，只要 M<N，用复位法使计数器计数到 M 时置 "0"，即获得 M 进制计数器。图 3-16 所示为一个由 74LS192 十进制计数器接成的六进制计数器。

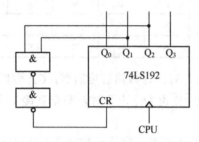

图 3-16　六进制计数器

（2）用预置功能获 M 进制计数器

图 3-17 是一个特殊十二进制的计数器电路方案。在数字钟里，对时位的计数序列是 1、2、…11、12、1…是十二进制的，且无 0 数。当计数到 13 时，通过与非门产生一个复位信号，使 74LS192(2)的十位直接置成 0000，而 74LS192(1)的个位直接置成 0001，从而实现了 1～12 计数。

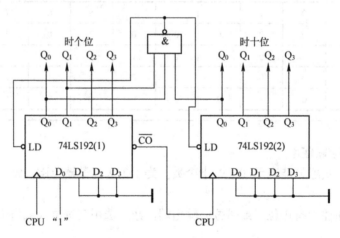

图 3-17　特殊十二进制计数器

4．D 触发器 74LS74

在输入信号为单端的情况下，D 触发器用起来最为方便，其状态方程为

$$Q^{n+1} = D^n$$

其输出状态的更新发生在 CP 脉冲的上升沿，故又称为上升沿触发的边沿触发器，触发器的状态只取决于时钟到来前 D 端的状态，D 触发器的应用很广，可用作数字信号的寄存，移位寄存，分频和波形发生等。有很多型号可供各种用途的需要而选用，如双 D——74LS74、四 D——74LS175、六 D——74LS174 等。

图 3-18 为双 D——74LS74 的引脚排列及逻辑符号。逻辑功能见表 3-3。

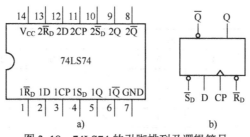

图 3-18　74LS74 的引脚排列及逻辑符号

a) 引脚排列　b) 逻辑符号

表 3-3　74LS74 逻辑功能表

输 入				输 出	
$\overline{S_D}$	$\overline{R_D}$	CP	D	Q^{n+1}	$\overline{Q^{n+1}}$
0	1	×	×	1	0
1	0	×	×	0	1
0	0	×	×	Φ	Φ
1	1	↑	1	1	0
1	1	↑	0	0	1
1	1	↓	×	Q^n	$\overline{Q^n}$

5. 八输入或非门/或门 CD4078

八输入或非门/或门 CD4078 的引脚图如图 3-19 所示，其逻辑功能为

$$Y = A + B + C + D + E + F + G + H$$
$$\overline{Y} = \overline{A + B + C + D + E + F + G + H}$$

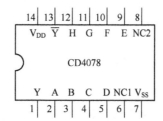

图 3-19　八输入或非门/或门 CD4078 引脚图

其逻辑功能见表 3-4。

表 3-4　CD4078 逻辑功能表

输 入								输 出	
A	B	C	D	E	F	G	H	Y	$\overline{Y}$
0	0	0	0	0	0	0	0	0	1
1	×	×	×	×	×	×	×	1	0
×	1	×	×	×	×	×	×	1	0
×	×	1	×	×	×	×	×	1	0
×	×	×	1	×	×	×	×	1	0

输 入								输 出	
A	B	C	D	E	F	G	H	Y	$\overline{Y}$
×	×	×	×	1	×	×	×	1	0
×	×	×	×	×	1	×	×	1	0
×	×	×	×	×	×	1	×	1	0
×	×	×	×	×	×	×	1	1	0

3.6 思考题

1．交通信号控制系统设计中怎样通过数据 0 的检测而实现数据的重载？

2．交通信号控制系统设计中重载数据 30s、60s 是怎样实现切换的？

3．交通信号控制系统设计中怎样实现后 3s 的检测，并在后 3s 怎样实现黄灯的闪烁？

4．试用其他芯片进行设计：如脉冲发生电路改用门电路进行设计、分频电路改用 74LS390、计数器电路改用 74LS161、译码器电路改用 74LS47 或 74LS48，试设计出对应的模块。

第4章 多路竞赛抢答器的设计与开发

多路竞赛抢答器已在各种竞赛场合、电视台的娱乐节目中得到广泛应用。它能根据参赛选手的请求，很好地区分选手的先后顺序并显示选手的编号以及答题计时等。

4.1 多路竞赛抢答器的设计要求

1．设计一个供四人使用的智力竞赛抢答器电路，用以判断抢答优先权，用发光二极管代表相应的选手。

2．有抢答计时功能，抢答成功即开始计时，要求计时电路显示时间精确到秒，最多限制为60s，一旦超出限时，则停止答题。

3．主持人有手动复位和清零权限。

4．电路对参赛选手的先后动作有较强的识别率，如识别率在15ms以内。

4.2 多路竞赛抢答器的工作原理

分析多路竞赛抢答器的设计要求，电路实现可采用单片机控制方式，也可采用数字电路控制方式。考虑到用Multisim进行仿真设计，本系统电路选用数字电路控制方式，并根据设计要求，按单元电路分析电路的工作原理。

多路竞赛抢答器需实现选手的按键抢答功能，电路应有开关输入电路，且开关应选复位开关，以便下次继续抢答。

由于电路具有抢答功能，因此系统应设计封锁电路，一旦检测到有按键输入，立即将其他各路输入封锁。

电路还具有60s的抢答计时功能，应具有两位十进制减计数功能，且在抢答成功后立即置数并计数，这里就需要一个单稳态脉冲信号去实现计数器的置数功能。

抢答时间到0后需清除选手指示灯，则这里需要一个"检0信号"的单稳态脉冲信号去清除选手指示灯。

电路的选手指示灯和倒计时数码显示可由主持人手动清除，因此需要设计手动清零控制信号。

按以上分析，可设计多路竞赛抢答器的原理框图，如图4-1所示。

主控制电路接收抢答输入信号，对应的选手指示灯亮，同时封锁住脉冲输入信号，使抢答输入不再起作用，同时，输出一个单稳态脉冲信号"置数"，控制计数器电路置数为60s，随后进入倒计数状态。当倒计数到0时，计数器电路输出一个单稳态脉冲信号，自动复位信号，清除选手指示灯，同时通过一个封锁电路，封锁1Hz信号，使译码显示维持0不变。

在任何情况下，主持输入有效时，清除选手指示灯和计数器译码显示。

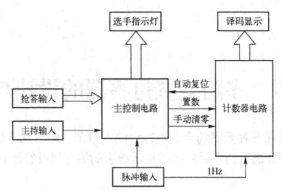

图 4-1 智力抢答器电路的原理框图

4.3 Multisim 10 在多路竞赛抢答器设计中的应用

在 Multisim 环境中设计多路竞赛抢答器，包括单元电路设计和总体电路设计。单元电路包括时钟脉冲产生电路、主控制电路、计数器电路、译码显示电路等部分。先设计出单元电路，再将单元电路封装连接可得总体电路。最后进行总体电路的调试仿真。

4.3.1 单元电路设计

1. 时钟脉冲产生电路

时钟脉冲产生电路可以参考交通灯控制系统进行设计。在这里需要 15ms 以内的脉冲信号，也就是频率在 67Hz 以上即可满足要求，可以设计 1 个 100Hz 的脉冲信号，需要的 1Hz 信号则由分频得到。

设计步骤如下：

（1）创建电路

这里利用 555 组成多谐振荡器，利用电容 C1 的充放电，使得输出得到矩形波。选择元器件创建 100Hz 时钟产生电路，并用示波器测试输出波形 A 和电容 C1 的充放电波形 B，调试相关参数，使输出波形频率为 100Hz，并记录元件参数和波形。后面用两个十进制计数器 74LS192 组成 100 分频电路，实现 1Hz 时钟脉冲信号，如图 4-2 所示。

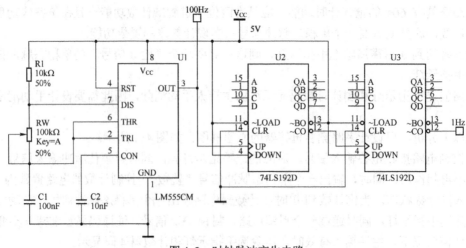

图 4-2 时钟脉冲产生电路

（2）添加模块引脚

执行 Place/Connectors/HB/SC Connector 命令，将其更名为 100Hz 和 1Hz。

（3）存储文件

单击储存按钮，将编辑的图形文件存盘，文件名为
"时钟脉冲产生电路"。

（4）模块封装

模块封装在总体电路设计环境中进行。封装好的时钟
脉冲产生电路如图 4-3 所示。

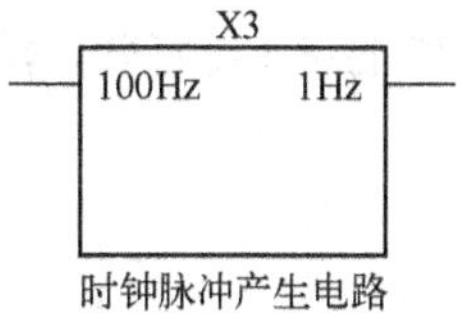

2. 主控制电路

图 4-3　已封装的时钟脉冲产生电路

（1）电路设计

图 4-4 为主控制电路，这里用到总线，单击 Place\Bus，即可放置总线，双击总线，可修改总线的网络名改为"OUT"；放置模块总线引脚，单击执行菜单命令"Place\Connectors/Bus HB/SC Connector"，即可放置模块总线引脚。元件与总线相连，在元件与总线直接连线时，在总线附近即可出现 45°倒角，在适当的位置放置导线，这时会出现一个对话框，要求对该导线进行总线分支定义，如图 4-5 所示。在 Busline 中，把 Ln1 修改为 A，依次放置其他几个总线分支 B、C、D，即可完成总线的连接。

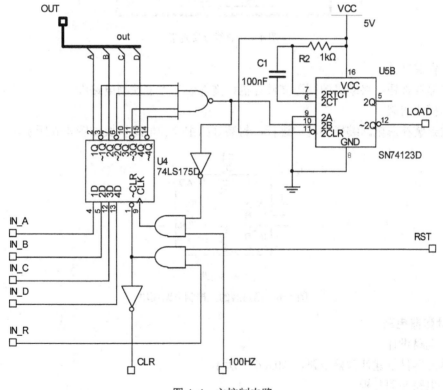

图 4-4　主控制电路

（2）电路原理分析

在无选手按键时，由四个二输入与非门、非门以及二输入与门构成的封锁电路允许

63

100Hz 信号进入 D 触发器；IN_A～IN_D 为选手抢答按键，高电平有效，当某一输入为高电平时，所对应的输出端 Q 为 1，~Q 为 0，则非门输出为 0，这样通过与门封锁住 100Hz 信号，使得其他选手按钮失效；同时通过单稳态触发器使 LOAD 输出一个负脉冲信号，使得计数器置数。当主持人按钮 IN_R 或者有来自计数器电路的复位信号 RST 为低电平时，使得 74LS175 的~CLR 有效，清除 74LS175 的选手指示灯。

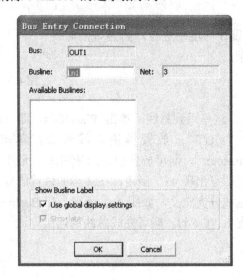

图 4-5　总线分支定义

（3）存储文件

单击储存按钮，将编辑的图形文件存盘，文件名为"主控制电路"。

（4）模块封装

模块封装在总电路编辑环境中进行，封装好的主控制电路模块如图 4-6 所示。

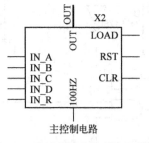

图 4-6　已封装的主控制电路模块

3. 计数器电路

（1）电路设计

选择元器件创建计数器电路，如图 4-7 所示。

（2）电路原理分析

在该电路设计中，用两个 74LS192 级联组成两位十进制减计数器，LOAD 控制其置数，CLR 控制清零，当计数到 0 时，采用 8 输入或非门作为"检 0 信号"，一方面封锁 1Hz 脉冲信号进入计数器，另一方面，通过单稳态触发器 74LS123 产生一个脉冲信号 RST，清除选手指示灯。H_QD～H_QA 为十位的四位二进制数据输出端，L_QD～L_QA 为个位的四位二进制数据输出端，外接数码显示。

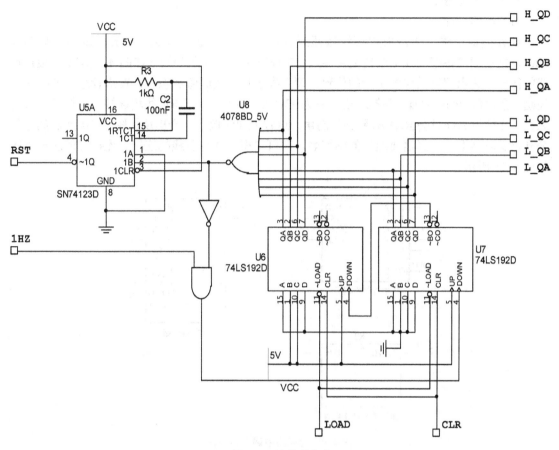

图 4-7　计数器电路

（3）存储文件

单击"储存"按钮，将编辑的图形文件存盘，文件名为"计数器电路"。

（4）模块封装

模块封装在总电路编辑环境中进行，经编辑后模块封装如图 4-8 所示。

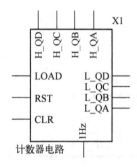

图 4-8　已封装的计数器电路模块

4.3.2 多路竞赛抢答器总电路的设计和仿真

1. 总电路的设计

（1）电路设计

放置模块电路。单击放置模块按钮或者执行菜单命令"Place/Hierarchical Block from File"，把前面准备好的几个模块文件调入总电路文件中。调入的模块如图 4-9 所示，根据连线的需要，适当调整模块各引脚的位置，调入指示灯、数码管和按键。在进行总线连接时，先画一条总线 Place/Bus，并把总线更名为 OUT，再把指示灯与总线相连接，连接指示灯与总线，在接近总线时会自动出现 45°倒角，这时把导线放下，会出现如图 4-10 所示的总线分支定义对话框，选择需要连接的网络名，即可实现元件与总线的连接。连接好的总电路图如图 4-11 所示。

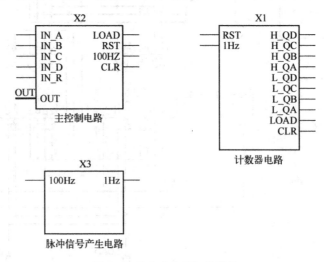

图 4-9　总电路中调入各模块

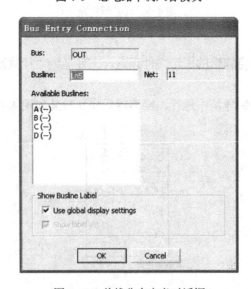

图 4-10　总线分支定义对话框

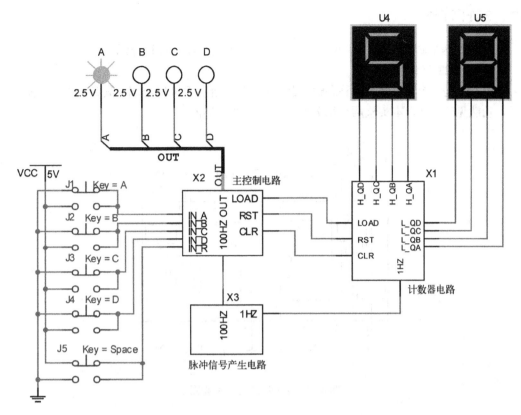

图 4-11　多路竞赛抢答器总电路

（2）存储文件

单击储存按钮，将编辑的图形文件存盘，文件名为"多路竞赛抢答器总电路"。

2. 仿真分析和操作说明

（1）仿真运行

单击运行按钮，进行仿真分析，观察仿真结果。

（2）操作说明

1）选手抢答：按 A、B、C、D 中一个 ，选手抢答，此时对应的选手指示灯亮，同时数码管置数 60，然后开始 59、58……递减，到 00 后不再变化，选手指示灯熄灭。

2）主持人清零：任意时刻，按〈Space〉键，结束抢答，选手指示灯灭，同时数码管清零。

4.4　实验要求

1）按任务要求设计多路竞赛抢答器，并分模块进行仿真和总体电路调试。

2）把选手按键输入控制端 IN_A～IN_D，十位数据输出端 H_QD～H_QA，L_QD～L_QA 做成总线控制，并设计出该电路。

3）在设计任务中，把四位选手改成八位选手，试设计该电路。

4）设计任务中把 60s 的答题时间改为 25s，试设计出该电路并进行仿真。

4.5 元件介绍

这里用到两个芯片 74LS123 和 74LS175，现对这两个芯片进行介绍。

1. 74LS123 简介

74LS123 是一个可重触发单稳态触发器，有清零功能和互补输出端，其芯片引脚如图 4-12 所示，功能见表 4-1。本实验两个部分都是用的第四组功能。

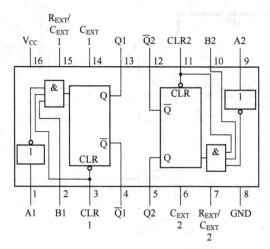

图 4-12　74LS123 芯片引脚图

表 4-1　74LS123 的功能表

输　入			输　出	
CLR	A	B	Q	$\overline{Q}$
0	×	×	0	1
×	1	×	0	1
×	×	0	0	1
1	0	↑	⊓	⊔
1	↓	1	⊓	⊔
↑	0	1	⊓	⊔

其单稳态时间由外围电阻电容决定，其电路连接如图 4-13 所示，如果 C_x 是有极性电解电容，则正极接在 R_{EXT}/C_{EXT} 端。当 $C_x \gg 1000pF$，输出的暂态时间 $T_w = K \times R_x \times C_x$。$R_x$ 的单位是 kΩ，C_x 的单位是 pF，T_w 的单位是 ns，$K \approx 0.37$。

2. 74LS175 简介

74LS175 是常用的四 D 触发器集成电路，里面含有四组 D 触发器，具有公共清零端和公共 CP 输入端，其逻辑符号如图 4-14 所示，内部框图如图 4-15 所示，功能表见表 4-2。

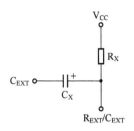

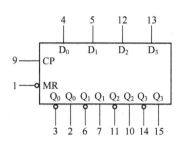

图 4-13　74LS123 外围元件的连接　　　图 4-14　74LS175 的逻辑符号

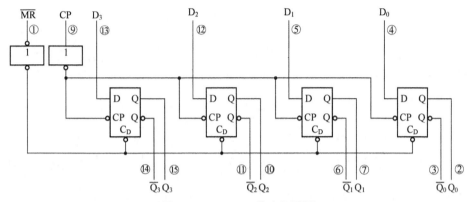

图 4-15　74LS175 的内部框图

表 4-2　74LS175 的功能表

输　　　　入						输　　　出			
$\overline{MR}$	CP	D_1	D_2	D_3	D_4	Q_1	Q_2	Q_3	Q_4
0	×	×	×	×	×	0	0	0	0
1	↑	D_1	D_2	D_3	D_4	D_1	D_2	D_3	D_4
1	1	×	×	×	×	保持			
1	0	×	×	×	×	保持			

4.6　思考题

1. 试用其他芯片进行设计。如 74LS175 改用 D 触发器 74LS74、分频电路改用 74LS161、计数器电路改用 CD4518、单稳态电路改用 NE555，试设计出相对应的模块电路。

2. 把数码管增加为七段数码管，加入译码器 74LS48，设计出该模块电路。

下篇 Protel 篇

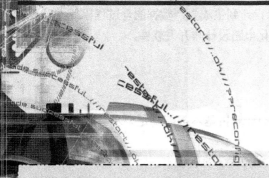

第5章　Protel 99SE 软件初识

5.1　Protel 99SE 概述

Protel 99SE 是目前普遍用得较多的电路原理图辅助设计与绘制软件。利用 Protel 99SE 软件可以方便快捷地实现电路的 PCB 设计，其功能模块主要包括电路原理图设计、印制电路板设计、电路信号仿真、可编程逻辑器件设计等。它集强大的设计能力、复杂工艺的可生产性及设计过程管理于一体，可以完整实现电子产品从概念设计到生成生产数据的全过程模拟，以及中间的所有环节的分析、仿真和验证，是集成的一体化电路设计与开发软件。

5.1.1　Protel 99SE 的运行环境及安装

（1）Protel 99SE 的运行环境

Protel 99SE 对微机硬件要求不高，当前一般的计算机基本都能满足要求。其运行环境包括软件环境和硬件环境。

1）软件环境：要求 Windows 98 或 Windows NT/2000 以上版本。

2）硬件环境：要求最低配置是 Pentium Ⅱ 或 Celeron 以上 CPU，内存容量不小于 32MB，硬盘容量必须大于 1GB，显示器尺寸在 17 英寸或以上，分辨率不能低于 1024× 768。当分辨率低于 1024×768（如 800×600 或更低）时，将不能完整显示 Protel 99SE 窗口的下侧及右侧部分。（对于 15 英寸显示器来说，当分辨率为 1024×768 时，由于字体太小，不便阅读，因此 17 英寸显示器是 Protel 99SE 的最低要求。总之，硬件配置档次越高，则软件运行速度越快，效果越好。

（2）Protel 99SE 的安装

Protel 99SE 的安装非常简单，按照安装向导逐步操作即可，安装步骤如下：

1）在 Protel 99SE 的安装光盘中找到"setup.exe"文件，如图 5-1 所示。双击该文件图标开始运行安装程序，出现欢迎安装界面，如图 5-2 所示。

图 5-1　双击安装程序

单击"Next"按钮，出现用户注册对话框。在如图 5-3 所示的对话框"Name"一栏中输入用户名，"Company"一栏中输入单位名称，"Access Code"一栏中输入序列号，序列号一般可在文件"sn.txt"中或产品外包装上找到。如果在安装时忘记输入序列号，也可以在安装后，启动时输入序列号。输入完成后单击"Next"按钮，可进入如图 5-4 所示安装对话框。

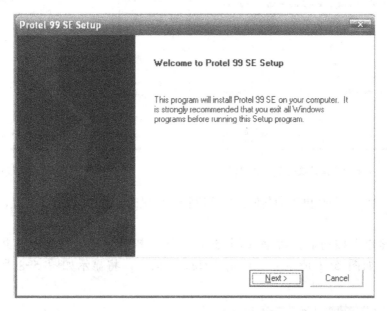

图 5-2   欢迎安装界面

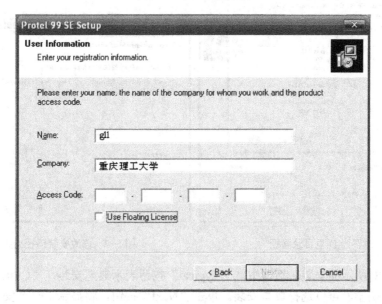

图 5-3   用户注册对话框

2）在图 5-4 所示对话框提示用户确认或修改安装路径。默认路径是在"C：\Program File"。如果想要修改，则单击"Browse…"按钮，选择安装路径，如图 5-5 所示。

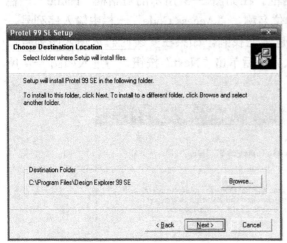

图5-4　提示用户确认或修改安装路径　　　　　　　图5-5　修改安装路径过程

3）把 C 盘目录路径更改为其他盘目录路径，这里改存为 D 盘目录路径，如图 5-6 所示。

单击"确定"按钮后，界面如图 5-7 所示（初学者可以不修改安装路径，而选择默认路径，如图 5-4 所示）。单击"Next"按钮，将显示如图 5-8 所示的安装对话框。

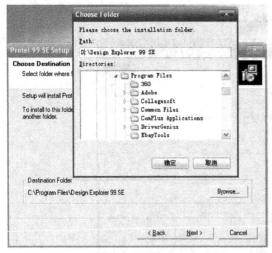

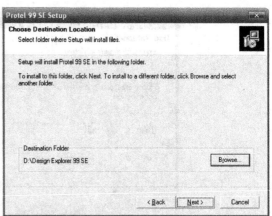

图5-6　改存为D盘目录路径　　　　　　　　　　图5-7　修改安装路径结果图

4）图 5-8 所示的安装对话框中，"Typical"按钮表示典型安装，"Custom"按钮表示自定义安装。初学者可以选择典型安装。单击"Next"按钮，将显示下一个安装对话框，单击"Back"按钮可以返回前面的步骤重新进行选择，若没有修改则单击 "Next"按钮，将显示下一个安装对话框，单击"Next"按钮，则开始安装，同时将显示安装进度，如图 5-9 所示。

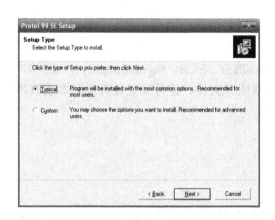

图 5-8 选择安装类型

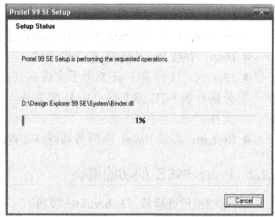

图 5-9 安装进程显示

5）几秒钟后将显示安装完成提示界面，如图 5-10 所示，单击"Finish"按钮完成安装。

6）安装补丁程序。完成 Protel 99SE 安装后，可执行附带光盘上的 Protel 99SE_Service_pack6.exe 文件，安装补丁程序。进入补丁安装程序的第一个对话框，如图 5-11 所示。单击窗口下方的"CONTINUE"进入下一个对话框，即安装路径选择对话框，采用默认路径，单击 "Next"按钮，即开始安装补丁程序。安装完成后单击"Finish"按钮即可。

图 5-10 安装完成提示

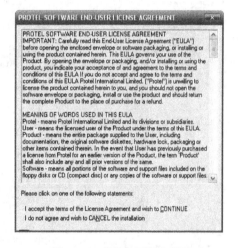

图 5-11 安装补丁程序提示

7）安装中文菜单。先启动一次 Protel 99SE，然后关闭，将 C 盘 Windows 根目录中的大小为 268KB 的 client99se.rcs 英文菜单改名（如 client99se1.rcs）后保存起来，再将光盘中 Protel 99 汉化的大小为 242KB 的 client99se.rcs 复制到 C 盘 Windows 根目录下。再启动 Protel 99SE 时，即可发现所有菜单命令后均带有中文注释信息。

Protel 99SE 安装完成后，系统将在用户指定的安装目录下创建几个子文件夹，其中主要应用程序文件 client 99.exe 放在安装目录下。Protel 99SE 的文件夹结构如下。

- Back：存放被修改的文档的备份。
- Examples：存放 Protel 99SE 附带的例子。
- Help：存放 Protel 99SE 的帮助文件。
- Library：文件夹下有 5 个子文件夹（PCB、PLB、SCH、SignalIntegrity 和 SIM），分别存放 PCB 库文件、PLD 库文件、原理图库文件、信号完整性库文件和仿真库文件。
- System：存放 Protel 各服务器程序文件。

5.1.2　Protel 99SE 的功能模块

1．原理图设计模块（Schematic 模块）

电路原理图是表示电气产品或电路工作原理的重要技术文件，电路原理图主要由代表各种电子器件的图形符号、线路和结点组成。图 5-12 所示为一张电路原理图。该原理图是由 Schematic 模块设计完成的。

Schematic 模块具有的功能包括：丰富而灵活的编辑功能、在线库编辑及完善的库管理功能、强大的设计自动化功能、支持层次化设计功能等。

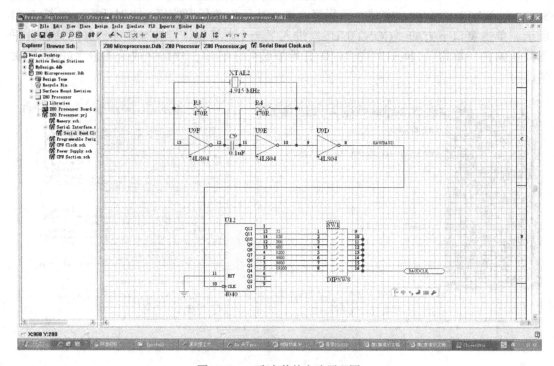

图 5-12　一张完整的电路原理图

2．印制电路板设计模块（PCB 设计模块）

印制电路板（PCB）制板图是由电路原理图到制作电路板的桥梁。设计了电路原理图后，需要根据原理图生成印制电路板的制板图，然后再根据制板图制作具体的电路板。图 5-13 所示为一张由原理图生成印制电路板制板图。

76

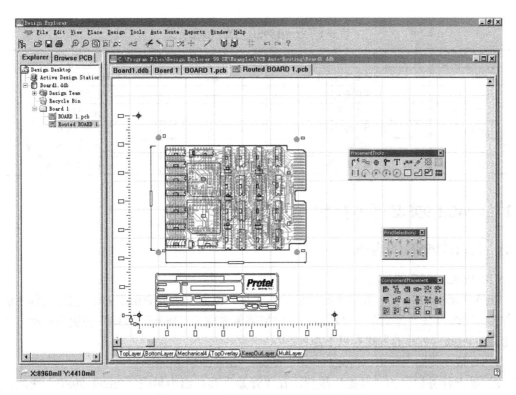

图 5-13　一张标准的印制电路板制板图

印制电路板设计模块具有的主要功能和特点包括：可完成复杂印制电路板（PCB）的设计；方便而又灵活的编辑功能；强大的设计自动化功能；在线库编辑及完善的库管理；完备的输出系统等。

3．电路信号仿真模块

电路信号仿真模块 SIM 99 是一个功能强大的 A-D 混合信号电路仿真器，能提供连续的模拟信号和离散的数字信号仿真。它运行在 Protel 的 EDA/Client 集成环境下，与 Protel Advanced Schematic 原理图输入程序协同工作，作为 Advanced Schematic 的扩展，为用户提供了一个完整的从设计到验证仿真设计环境。

在 Protel 99SE 中进行仿真，只需从仿真用元器件库中放置所需的元器件，连接好原理图，加上激励源，然后单击仿真按钮即可自动开始。

4．PLD 逻辑器件设计模块

PLD 99 支持所有主要的逻辑器件生产商，它有两个特点：一是仅仅需要学习一种开发环境和语言就能使用不同厂商的元器件；二是可将相同的逻辑功能做成物理上不同的元器件，以便根据成本、供货渠道自由选择元器件制造商。

5.1.3　Protel 99SE 的文件类型

Protel 99SE 设计数据库文件包含了所有的原理图（.sch）文件、PCB 文件、库（.lib）文件等设计文件，默认时在 Windows 的资源管理器里能查询到的只有设计文件库。

不同的文件扩展名表示不同的文件用途，Protel 99SE 的文件类型说明见表 5-1。

表 5-1　Protel 99SE 的文件类型介绍

文件扩展名	文 件 类 型	文件后缀名	文 件 类 型
.ddb	设计数据库文件	.erc	电气测试报告文件
.sch	原理图文件	.rep	生成的报告文件
.lib	库文件	.xls	元件列表文件
.pcb	印制电路板图文件	.txt	文本文件
.prj	项目文件	.xrf	交叉参考元件列表文件
.net	网络表文件	.abk	自动备份文件

5.2　Protel 99SE 基本操作

5.2.1　Protel 99SE 的启动

（1）Protel 99SE 的启动

安装 Protel 99SE 后，系统会在"开始"菜单和桌面上放置 Protel 99SE 主应用程序的快捷方式，同时也在"开始"→"程序"→快捷菜单内建立"Protel 99SE"的快捷启动方式。因此启动 Protel 99SE 的方式有以下 3 种：

1）直接在桌面上双击"Protel 99SE"图标，如图 5-14 所示。

2）单击任务栏上的"开始"按钮，在"开始"菜单组中单击"Protel 99SE"选项，如图 5-15 所示。

图 5-14　桌面上"Protel 99SE"图标　　　　图 5-15　"开始"菜单组中的"Protel 99SE"

3）单击任务栏上的"开始"按钮，在"开始"菜单中将鼠标指针移到"所有程序（P）"选项，停留片刻，在弹出的"Protel 99SE"选项组中单击"Protel 99SE"选项启动软件，如图 5-16 所示。

图 5-16　"所有程序（P）"中的"Protel 99SE"选项

双击后进入主程序启动界面，如图 5-17 所示。

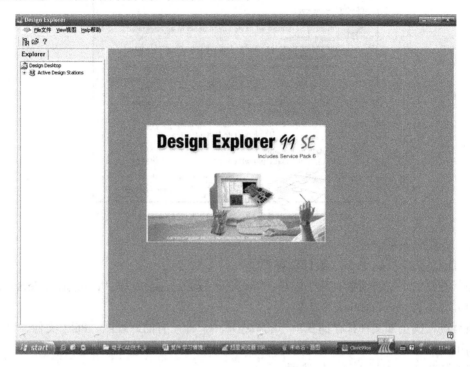

图 5-17　主程序启动界面

（2）Protel 99SE 的关闭

关闭 Protel 99SE 主程序的方法有 4 种：最快捷的方法是单击主窗口标题栏中的关闭按钮 ×。其次，也可以执行菜单命令"File"→"Exit"。第三，直接双击"系统菜单"按钮 Design Explorer。第四，按下〈ALT+F4〉组合键。在关闭 Protel 99SE 主程序时，如果修改了文档而没有保存，则会出现一个对话框，询问用户是否保存，如图 5-18 所示。单击"Yes"按钮确认保存修改；若不需要保存修改，则单击"No"按钮；"Cancel"按钮表示取消关闭程序命令。

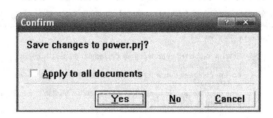

图 5-18　询问用户是否保存对话框

5.2.2　Protel 99SE 设计环境

启动 Protel 99SE 系统将进入设计环境后，选择"File"菜单上的"New"命令，系统将弹出如图 5-19 所示的 Protel 99SE 建立新设计数据库的文件路径设置选项卡。

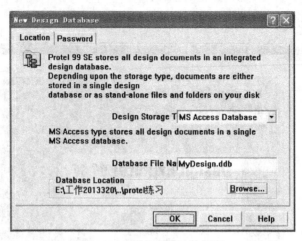

图 5-19　建立新设计数据库

下面介绍该选项卡：

1．Design Storage Type（设计保存类型）

在其右侧的下拉按钮中有两个选项："MS Access Database"和"Windows File System"。

（1）"MS Access Database"选项

设计过程的全部文件都存储在单一的数据库中，即所有的原理图、PCB 文件、网络表、材料清单等都保存在一个.ddb 文件中，在资源管理器中只能看到唯一的.ddb 文件。

（2）"Windows File System"选项

在对话框底部指定的硬盘位置建立一个数据库的文件夹，所有文件都被自动保存在文件夹中。

如果选择"MS Access Datebase"类型，对话框将增加一个"Password"（密码）选项卡，如图 5-20 所示。如果选择"Windows File System"类型，则没有该选项卡。

当选择 MS Access Datebase 类型时，如果想设置密码，则可以选择图 5-20 所示对话框中的"Password"选项卡，进入文件密码设置界面，然后选择"Yes"单选按钮，并且在"Password"和"Confirm Password"（确认密码）文本框中输入相同的密码，即完成设置。需要注意的是：必须记住所设置的密码，否则将打不开所设计的文件数据库。

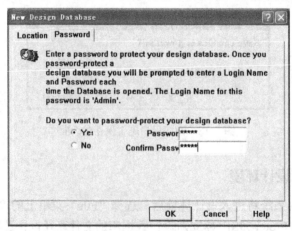

图 5-20　文件密码设置选项卡

2. Datebase File Name（数据库文件名）

在编辑框中输入所设计的电路图的数据库名，文件名的后缀为.ddb。

3. 改变数据库文件保存目录

如果想改变数据库文件所在的目录，可以单击"Browse"按钮，系统将弹出如图 5-21 所示的文件另存对话框，此时用户可以设定数据库文件所在的路径。

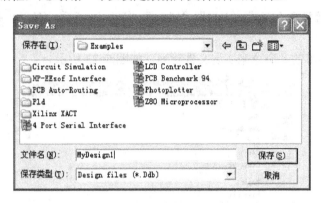

图 5-21　文件另存对话框

新设计数据库在创建之后将处于打开状态，同时被创建的还有一个设计组文件夹、回收站和一个"Documents"文件夹，如图 5-22 所示。

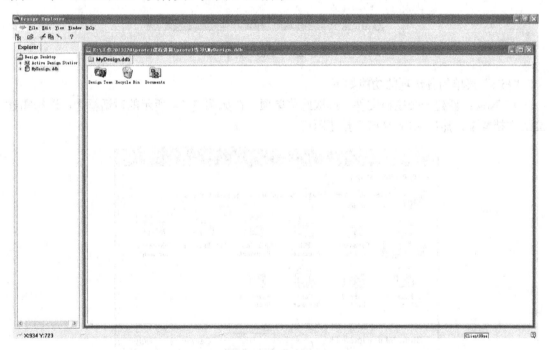

图 5-22　Protel 99SE 设计环境

其中设计组文件夹用于存放权限数据，包括 3 个子文件夹：

1）"Design Team"文件夹主要存放各类数据列表，包括以下 3 种类型：Members 文件夹包含能够访问该设计数据库的成员列表，Permission 文件夹包含各成员的权限列表；Sessions

文件夹包含处于打开状态的属于该设计数据库的文档或者文件夹的窗口名称列表。

2）"RecycleBin"文件夹即回收站，用于存放临时性删除的文档。

3）"Documents"文件夹一般用于存放一些说明性的文档。

5.2.3 Protel 99SE 文件管理

Protel 99SE 系统包括"File"、"Edit"、"View"、"Window"和"Help"共 5 个下拉菜单。

1．文件管理

通过"File"菜单的各命令来实现文件管理，如图 5-23 所示。

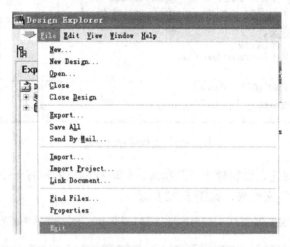

图 5-23 "File"菜单

"File"菜单的各选项的功能如下：

1）New：新建一个空白文件，选取此菜单项，在如图 5-24 所示的对话框中，选择需建立的文档类型，然后单击"OK"按钮即可。

图 5-24 建立新文档对话框

2）New Design：新建立的一个设计库，所有的设计文件将在这个设计库中统一进行管理，该命令与用户还没有创建数据库前的"New"命令执行过程一致。

3）Open：打开已存在的设计库。执行该命令后，系统将弹出如图 5-25 所示的对话框，可以选择需要打开的文件对象或设计数据库。

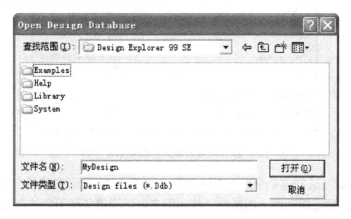

图 5-25　打开已存在的设计数据库

4）Close：关闭当前已经打开的设计文件。

5）Close Design：关闭当前已经打开的设计库。

6）Export：将当前设计库中的一个文件输出到其他路径。

7）Save All：保存当前所有已打开的文件。

8）Send By Mail：选择该命令后，可以将当前设计数据库通过 E-Mail 传送到其他计算机。

9）Import：将其他文件导入到当前设计库，成为当前设计数据库中的一个文件，选取此菜单项，在显示的如图 5-26 所示导入文件对话框中，选取所需要的任何文件，则将此文件包含到当前设计库中。

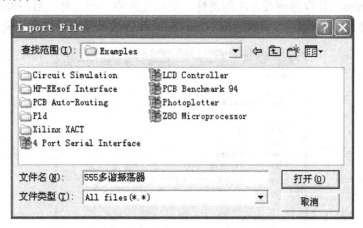

图 5-26　导入文件对话框

10）Import Project：执行该命令后，可以导入一个已经存在的设计数据库到当前设计平台中。

11）Link Document：连接其他类型的文件到当前设计库中。执行该命令后，系统弹出如图 5-27 所示的对话框，通过该对话框选择将其他文档的快捷方式连接到本设计平台。

图 5-27　连接其他文件到本设计平台

12）Find Files：选择该命令后，系统将弹出如图 5-28 所示的查找文件对话框，可以查找设计数据库中或硬盘驱动器上的其他文件，用户可以设置各种不同的查找方式。

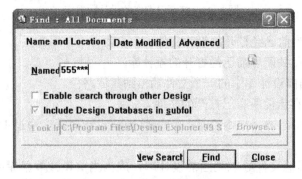

图 5-28　查找文件对话框

13）Properties：管理当前设计库的属性。如果先选中一个文件夹后，再执行该命令，则系统将弹出如图 5-29 所示的文件属性对话框，可以修改或设置文件属性和说明。

图 5-29　文件属性对话框

14）Exit：退出 Protel 99SE 系统。

2. 文件编辑

文件编辑命令位于"Edit"菜单中，如图 5-30 所示。该菜单可以对文件对象进行复制、剪切、粘贴、删除等编辑操作。

"Edit"菜单的各选项的功能如下：

1）Cut：对选中的文件执行剪切操作，暂时保存在剪贴板中，然后可以粘帖复制该文件。

2）Copy：将选中的文件复制到剪贴板中，然后可以粘贴复制该文件。

3）Paste：将保存在剪贴板中的文档复制到当前位置。

4）Paste Shortcut：将剪贴板中的文档的快捷方式复制到当前位置。

图 5-30　Edit 菜单

5）Delete ：删除当前选中的文档，如果执行该命令，系统将会打开一个对话框提示用户是否真的删除该文件。

6）Rename：重命名当前选中的文件，执行该命令，选中的文件名将可以编辑修改，如图 5-31 所示，重新输入文件名即可。

图 5-31　给新文档取名

3. 文件操作工具

通过"View"菜单中的命令可以打开一些文件操作工具和查看工具，也可以实现设计管理器、状态栏、命令行、工具栏、图标等的打开与关闭，"View"菜单如图 5-32 所示。

"View"菜单的各选项功能如下：

1）Design Manager：设计管理器的打开与关闭。如果设计管理器当前处于关闭状态，则执行命令为打开设计管理器。反之为关闭。

打开设计管理器也可以使用鼠标单击主工具栏左边的 按钮来实现。

2）Status Bar：状态栏的显示与关闭。执行该命令后，可以在设计界面的下方显示或关闭状态栏。状态栏一般显示设计过程操作点的坐标位置等。

图 5-32　View 菜单

3）Command Status：命令状态的显示与关闭。执行该命令，可以在设计界面的下方显示或关闭命令状态。命令状态显示当前命令的执行情况。

4）Large Icons：显示大图标。执行该命令后，显示当前文件图标为大图标。

5）Small Icons：显示小图标。执行该命令后，显示当前文件图标为小图标。

6）List：显示文件为列表状态。执行该命令后，将以列表状态显示当前设计数据库中文档。

7）Details：详细显示文件的状态。执行该命令后，将详细显示设计数据库中的文件状态，包括文件名、文件大小、文件类型、修改日期等属性。

8）Refresh：刷新当前设计数据库中的文件状态。也可以直接按〈F5〉键激活该命令。

5.3 Protel 99SE 的设计组管理

每个数据库默认时都带有设计工作组（DesignTeam）包括"Members"、"Permisions"、"Sessions"三个部分，如图5-33所示。

"Members"自带两个成员：系统管理员（Admin）和客户（Guest）。系统管理员可以进行密码管理、成员管理及权限管理。

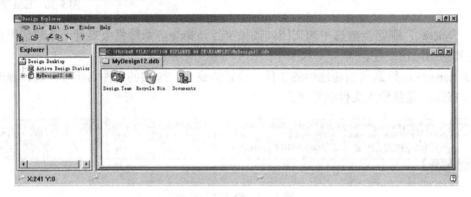

图 5-33　设计工作组

5.3.1　Protel 99SE 密码管理

只有具备"Members"文件夹的"Write"权限的成员才能修改成员名称和密码，修改密码的操作步骤如下：

1）打开"Members"文件夹。

2）在设计窗口中双击需要修改密码的成员名称，然后在弹出的快捷菜单中选择"Properties"选项。

3）在弹出的对话框中根据需要对成员名称、名称描述和密码等进行修改。

4）修改完成后，单击"OK"按钮即可。

5.3.2　Protel 99SE 成员管理

1. 增加设计成员

只有具备"Members"文件夹的"Create"权限的成员才能增加新成员，增加访问成员的操作步骤如下：

1）打开设计数据库文件夹，或者单击其前面的"+"按钮，展开设计数据库的目录树。

2）打开设计组文件夹"Design Team 文件夹"，或者单击其前面的"+"按钮，展开其目录树。

3）打开"Members"文件夹，以在设计器窗口中打开成员列表。

4）在右边设计窗口的空白处双击鼠标右键，然后在弹出的快捷菜单中选择"New Member"选项，如图5-34所示。

增加访问成员还可以通过选择"File"菜单，然后在弹出的下拉菜单中选择"New member"选项。

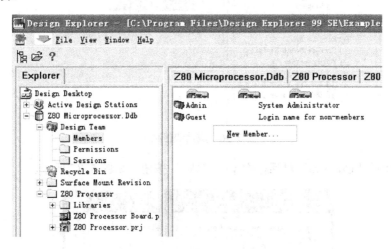

图5-34　设计数据库的访问成员列表

5）在弹出的"User Properties"对话框中输入成员的名称描述（可省略）以及密码，如图5-35所示。

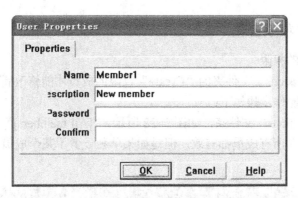

图5-35　增加访问成员"User Properties"对话框

6）单击"OK"按钮。操作完成后，新成员将出现在成员列表中。新增加的访问成员的权限由"Permissions"文件夹中的"[All members]"决定，用户可以进行修改。

2．删除设计成员

只有具备"Members"文件夹的"Delete"权限的成员才能删除成员。删除成员的操作步骤如下：

1）打开"Members"文件夹。

2）在要删除的成员名称上单击鼠标右键，然后在弹出的快捷菜单中选择"Delete"选项，如图5-36所示。或者先选择要删除的成员名称，然后按下〈Delete〉键。

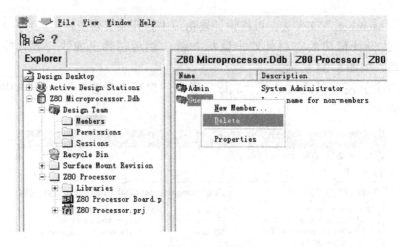

图 5-36　成员快捷菜单

3）在弹出的"Confirm"对话框中单击"Yes"按钮，如图 5-37 所示。

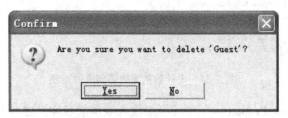

图 5-37　删除成员的确认对话框

5.3.3　Protel 99SE 权限管理

（1）修改新成员的权限

只有具备"Pemissions"文件夹的"Create"权限的成员才能修改新成员的权限。给新增加的成员修改权限的操作步骤如下：

1）打开"Permissions"文件夹，如图 5-38 所示。"[All members]"成员组表示所有的成员，其所设置的权限对所有成员都有效，但是如果单独设置了某个成员的权限，则以单独设置的为准。

图 5-38　成员权限列表及快捷菜单

2）在设计器窗口中的空白处单击鼠标右键，然后在弹出的快捷菜单中选择"New Rule"菜单项，如图 5-38 所示。

3）在调出的"Premission Rule Properties"对话框中单击下拉按钮，并从中选择新增加的成员名称（如："Member1"），并在其下面的编辑框中输入权限范围，然后指定具有的权限。总共有四种权限，分别是"Read"（读）、"Write"（写）、"Delete"（删除）和"Create"（创建）。

如果他们前面的复选框有"√"符号（单击时将在两种状态之间转换），表示具有相应权限。图 5-39 所示的情况表示成员"Member"对"Document"具有"Read"、"Write""Delete"和"Create"权限。

4）单击"OK"按钮，完成操作。

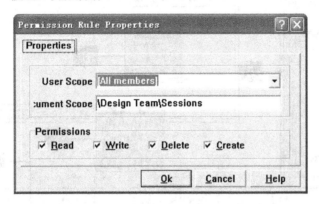

图 5-39　权限管理对话框

（2）修改已有成员的权限

只有具备"Permissions"文件夹的"Write"权限的成员才能修改成员的权限。修改已有成员的权限的操作步骤如下：

1）打开"Permissions"文件夹。

2）在设计窗口中双击需要修改权限的成员名称。

3）在权限管理对话框中，如果需要可以指定新的权限范围，设置新权限。

4）单击"OK"按钮，完成操作。

5.4　Protel 99SE 的窗口管理

5.4.1　Protel 99SE 窗口界面

图 5-40 是 Protel 99SE 的原理图设计窗口。窗口顶部为主菜单和主工具栏，左部为设计管理器（Design Manager），右边大部分区域为编辑区，底部为状态栏及命令栏，中间几个浮动窗口为常用工具。除主菜单外，上述各部件均可根据需要打开或关闭。

几个常用工具栏除以活动窗口的形式出现外，还可将它们分别置于屏幕的上下左右任意一个边上。

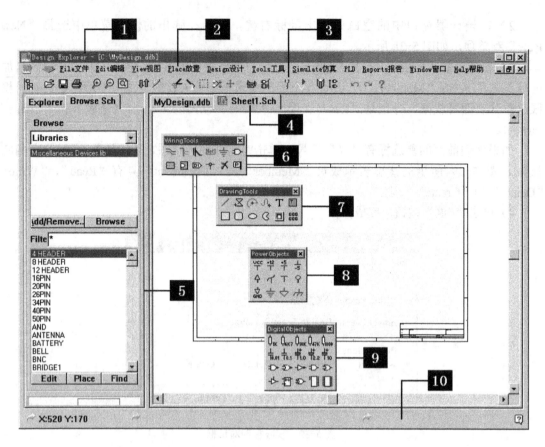

图 5-40　标准的 Protel 99SE 原理图设计窗口

1. 标题栏　2. 主菜单　3. 主工具栏　4. 文件切换标签　5. 设计管理器　6. 布线工具栏
7. 绘图工具栏　8. 电源及接地工具栏　9. 常用器件工具栏　10. 状态栏

5.4.2　Protel 99SE 窗口管理

1. View 菜单中的环境组件切换命令

1）Design Manager 为设计管理器切换命令。

2）Status Bar 为状态栏切换命令。

3）Command Status 为命令栏切换命令。

4）Toolbars 为常用工具栏切换命令。

菜单上的环境组件切换具有开关特性，例如，如果屏幕上有状态栏，当单击"Status Bar"时，状态栏从屏幕上消失，再次单击"Status Bar"时，状态栏又会显示在屏幕上。

2. 设计管理器的切换

要打开或关闭设计管理器，可单击主工具栏中的　图标，或执行菜单命令"View\Design Manager"。

3. 元件管理器的切换

通过单击设计管理器中的"Browse Sch"选项实现。

4．状态栏的切换

执行菜单命令"View\Status Bar"可打开或关闭状态栏 。状态栏中包括光标当前的坐标位置、当前所选的操作对象以及依次显示的功能键。

5．命令栏的切换

执行菜单命令"View\Command Status"可打开或关闭命令栏。

命令栏用来显示当前操作下的可用命令。

6．工具栏的切换

常用工具栏 Tool bars 有主工具栏 Main Tools、连线工具栏 Wiring Tools、绘图工具栏 Drawing Tools 、 电源及接地工具栏 Power Objects、常用器件工具栏 Digital Objects 等。

这些工具栏的打开与关闭可通过菜单"View\Toolbars"中子菜单的相关命令的执行来实现。

工具栏菜单及子菜单如图 5-41 所示。

图 5-41　工具栏菜单

5.5　Protel 99SE 原理图设计环境的设置

5.5.1　Protel 99SE 图纸设置

1．图纸尺寸

（1）选择标准图纸

执行菜单命令"Design\Options"可以设置图纸尺寸。执行后，系统将弹出"Document Options"对话框，并选择其中的"Sheet Options"选项卡进行设置，如图 5-42 所示。

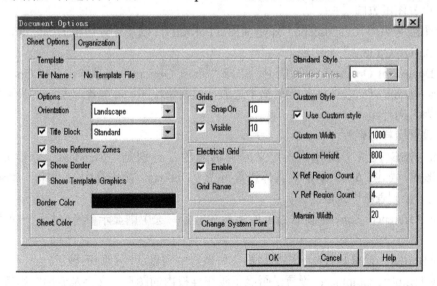

图 5-42　"Sheet Options"选项卡

注：Protel 99SE 系统提供了 18 种规格的标准图纸，各种规格的图纸尺寸见表 5-2。

表 5-2　各种规格的图纸尺寸

代　　号	尺寸/英寸	代　　号	尺寸/英寸
A4	11.5×7.6	E	42×32
A3	15.5×11.1	Letter	11×8.5
A2	22.3×15.7	Legal	14×8.5
A1	31.5×22.3	Tabloid	17×11
A0	44.6×31.5	OrcadA	9.9×7.9
A	9.5×7.5	OrcadB	15.6×9.9
B	15×9.5	OrcadC	20.6×15.6
C	20×15	OrcadD	32.6×20.6
D	32×20	OrcadE	42.8×32.2

（2）自定义图纸

自定义图纸尺寸，需设置如图 5-42 所示"Custom Style"栏中的各个选项。

首先，应选中"Use Custom Style"复选框，以激活自定义图纸功能。

Custom Style 栏中各项设置的含义如下：

1）Custom Width：设置图纸的宽度，其单位为 1/100 英寸，1000 代表 10 英寸。

2）Custom Height：设置图纸的高度，其单位为 1/100 英寸，800 代表 8 英寸。

3）X Ref Region Count：设置 X 轴框参考坐标的刻度数。

4）Y Ref Region Count：设置 Y 轴框参考坐标的刻度数。

5）Margin Width：设置图纸边框宽度。

2. 图纸方向

（1）设置图纸方向

设置图纸是纵向（Landscape）还是横向（Portrait），以及设置边框的颜色等，可以用菜单命令"Design\Options"来实现。

在"Document Options"对话框中，选择"Sheet Options"选项卡，且在 Options 选项卡中的"Orientation"（方位）下拉列表框中选取。通常情况下，在绘图及显示时设为横向，在打印时设为纵向打印。

（2）设置图样标题栏

Protel 99SE 提供了两种预先定义好的标题栏，分别是"Standard（标准）"形式和"ANSI"形式，如图 5-43 所示。具体设置可在"Options"操作框中的"Title Block（标题块）"右边下拉列表框中选取。

Show Reference Zones：设置边框中的参考坐标。选中则显示参考坐标，一般情况下均应该选中。

Show Border：设置是否显示图纸边框，如果选中则显示，否则不显示。

Show Template Graphics：设置是否显示画在样板内的图形、文字及专用字串等。通常，选择该项的目的是为显示自定义的标题区块或是公司商标等。

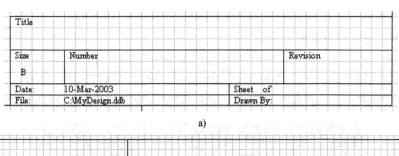

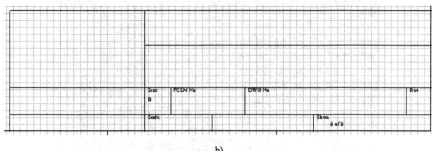

图 5-43 标题栏的类型

a) 标准形式标题栏 b) ANSI 形式的标题栏

5.5.2 Protel 99SE 图纸颜色

图纸颜色设置包括图纸边框（Border）和图纸底色（Sheet）的设置。

在图 5-42 中，"Border Color"选择项用来设置边框的颜色，默认值为黑色。"Sheet Color"选项用来设置图纸的底色，默认值为浅黄色。

要改变图纸边框或图纸底色时，双击颜色框，系统将弹出选择颜色对话框"Choose Color"，如图 5-44 所示，然后选择出新的图纸边框颜色或底色。

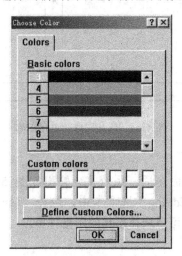

图 5-44 选择颜色对话框

"Choose Color"对话框的"Basic color"框中列出了当前可用的 239 种颜色，并定位于当前所使用的颜色。如果用户希望改变当前使用的颜色，可直接在"Basic colors"栏或"Custom colors"栏中单击选取。

如果用户希望自己定义颜色，单击"Define Custom Colors"按钮，即可打开如图 5-45 所示的"颜色"对话框。这是一个 Windows 系统的对话框，可以对色调、饱和度、亮度、红、绿、蓝等项进行设置，调出满意的颜色后，单击"确定"按钮将它加入到自定义颜色中。

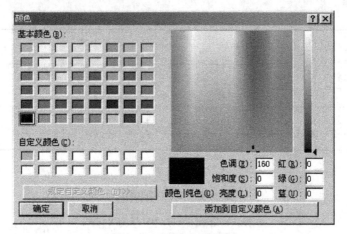

图 5-45 "颜色"对话框

5.5.3 Protel 99SE 网格和光标设置

1.网格设置

Protel 99SE 提供线状网格（Lines）和点状网格（Dots）两种不同形状的网格，如图 5-46 所示。

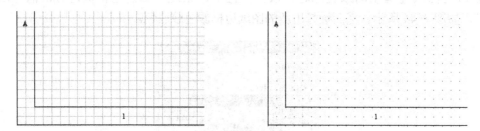

图 5-46 线状网格和点状网格

（1）设置网格种类

执行"Tools\Preferences"命令后，系统将会弹出如图 5-47 所示的"Preferences"（参数）对话框。在"Graphical Editing"选项卡中，选择"Cursor\Grid Options"选项卡中的"Visible Grid"下拉列表框，就可以选择所需的网格种类。

（2）设置网格颜色

想改变网格颜色，则选择"Color Options"选项卡中的"Grid Color"文本框进行颜色设置，具体颜色设置方法与图纸颜色设置操作类似。在设置网格的颜色时，注意不要设置太深，否则会干扰后面的绘图工作。

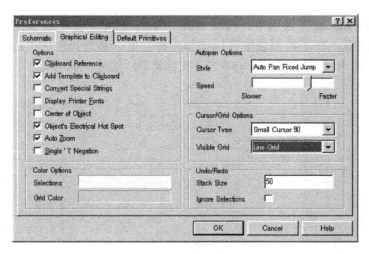

图 5-47 "Preferences"对话框

（3）设置网格的可见性

执行菜单命令"Design\Options"，在弹出"Document Option"对话框中，选择"Sheet Options"选项卡，在 Grid 操作框中对"SnapOn"和"Visible"两个选项进行操作即可设置网格是否可见，如图 5-48 所示 。

● "SnapOn"复选框：改变光标的移动间距。选中表示光标移动时以"SnapOn"右边的设置值为基本单位跳移，系统默认值为 10；不选此项，则光标移动时以 1 个像素点为基本单位移动。
● "Visible"复选框：选中表示网格可见，可以在其右边的设置框内输入数值来改变图纸网格间的距离；不选此项，则表示在图纸上不显示网格。

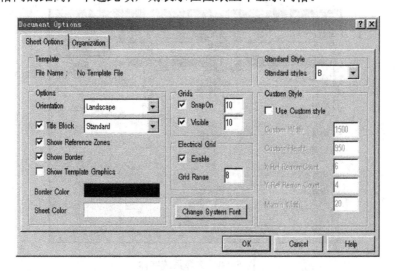

图 5-48 "Document Options"（文档）对话框

2. 光标设置

光标是指在画图、放置元件和连接线路时的光标形状。

执行菜单命令"Tool\Preferences"，系统弹出如图 5-47 所示的"Preferences"对话框，

选取"Graphical Editing"选项卡。然后单击"Cursor/Grid Options"选项卡中的"Cursor Type"下拉列表框，在下拉列表中可以选择光标类型。系统提供了"Large Cursor 90"、"Small Cursor 90"和"Small Cursor 45"三种光标类型，如图5-49所示。

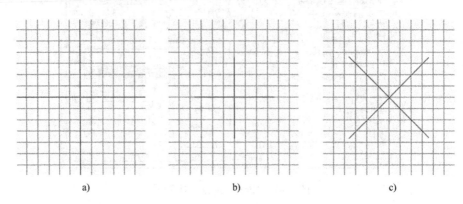

图5-49　光标类型

a) 大光标　b) 小光标　c) 交叉45°光标

5.5.4　其他设置

1. Document Options 中的系统字体设置

在图5-48所示的"Document Options"对话框中，单击"Change System Fort"（更改系统字体）按钮，屏幕上会出现系统字体对话框，如图5-50所示。选择好字体后，单击"确定"按钮即可完成字体的重新设置。

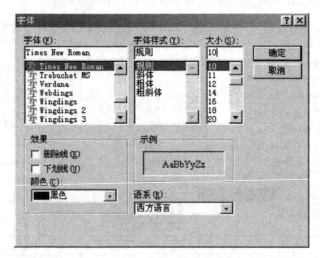

图5-50　选择系统字体

2. 文档组织

因为一个系统的功能实现可能需要多个控制电路来实现，而且某张电路图也可能由几部分组成，同时电路图的设计组织也是文档的重要属性，所以也常需要建立文档的组织。

96

建立文档组织可以执行菜单命令"Design\Options"，系统将弹出"Document Options"对话框，并选择"Organization"选项卡，如图 5-51 所示。

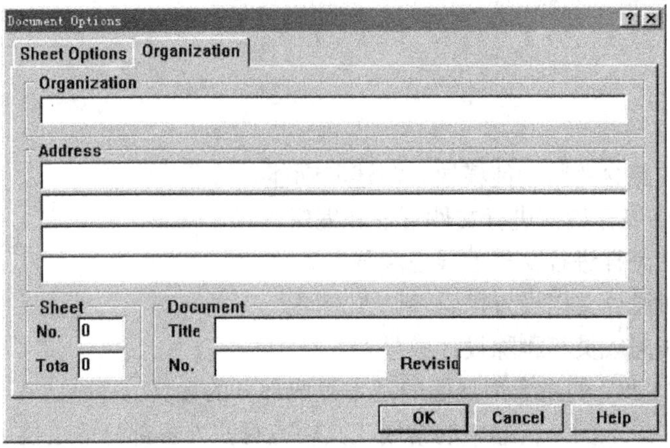

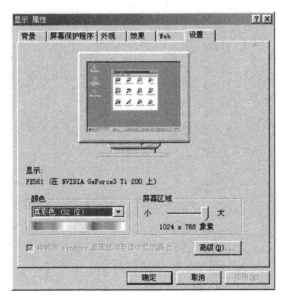

图 5-51　"Organization"选项卡

在该选项卡中，可以分别填写设计单位名称、单位地址、图纸编号以及图纸的总数，文件的标题名称以及版本号或日期等。

3. 屏幕分辨率设置

Protel 99SE 对屏幕分辨率的要求一向比其他类型的应用程序要高一些。例如在原理图设计环境中，如果屏幕分辨率没有达到 1024×768，则某些控制面板就会被切掉一部分，此时用户将无法使用到被遮掉的那部分。建议用户尽量将屏幕分辨率调整到 1024×768 点以上。

如何在 Windows 下设置屏幕分辨率呢？在 Windows 桌面上任何空白的地方单击鼠标右键，从弹出的快捷菜单中选择"属性"命令，即可打开"显示属性"对话框。在此对话框中，选择"设置"选项卡，屏幕上便会出现如图 5-52 所示的显示属性界面。

图 5-52　设置显示属性

"屏幕区域"栏提供了当前硬件设备所能接受的屏幕分辨率设置值，请切换到适当的分辨率。"颜色"栏提供了当前分辨率下可显示的色彩数量，它会根据"屏幕区域"栏的设置自动切换到适当的数量，当然用户也可以自己加以设置。

5.6　思考题

1．Protel 99SE 包含哪些功能模块？简述其功能。
2．简述 Protel 99SE 如何进行文件管理和编辑。
3．Protel 99SE 怎样进行文档的导出和导入？
4．说明如何对设计文档设置密码和修改密码？
5．如何增加访问成员和删除设计成员？
6．说明 Protel 99SE 的主窗口界面的基本组成部分的含义。
7．Protel 99SE 原理图编辑器中的常用工具栏有哪些？各部分的主要用途是什么？
8．如何根据具体设计任务选择图纸？
9．如何设置网格类型和光标形状？

第6章　基于 Protel 99SE 的积分器电路设计

6.1　积分器电路原理图设计

6.1.1　任务描述

利用 Protel 99SE 软件画出图 6-1 所示的简单电路图。从原理图文件的建立、原理图选项设置、元器件的放置、导线连接到存盘打印图纸，体验一幅简单电路图的绘制过程。

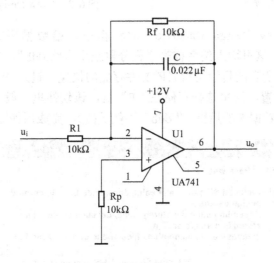

图 6-1　积分器电路图

6.1.2　学习目标

1. 掌握原理图编辑器中具有电气意义对象的放置方法及编辑方法。
2. 掌握绘制原理图的基本方法，能绘制比较简单的原理图。
3. 掌握根据实际电路图的大小，设置合适的图纸及其显示风格的方法。
4. 掌握原理图图纸标题栏的设置方法。

6.1.3　技能训练

1. 原理图选项设置

（1）新建"积分器应用电路. Sch"原理图文件，进入原理图编辑窗口

1）启动 Protel 99SE：双击 Protel 99SE 图标，进入 Protel 99SE 软件。如图 6-2 所示。

2）在图 6-2 的界面下执行"File"→"New"命令，系统会弹出"New Design Database"对话框，如图 6-3 所示。

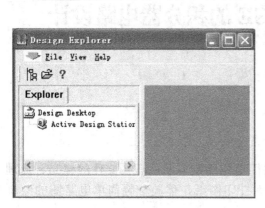

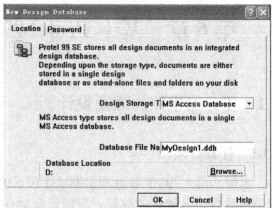

图 6-2　Protel 99SE 界面　　　　　　　　图 6-3　"New Design Database"对话框

3）在弹出的"New Design Database"对话框中，给数据库文件名"Database File Name"输入一个名称，这里输入的名称是"积分器应用电路.ddb"，单击"Browse"按钮，就可以选择设计数据库所在的目录位置（即文件存储的位置，进入 Protel 99SE 后，只能在这里修改文件存储的位置，这里选择存储在"F"盘，该软件里一般不使用"另存为"命令来保存数据库；此外，数据库的后辍 ".ddb"不能更改）。完成后如图 6-4 所示。

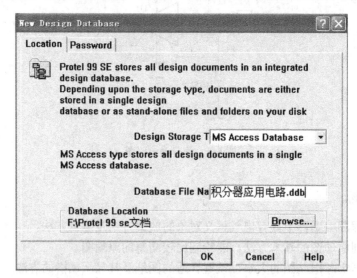

图 6-4　"New Design Database"对话框的文件命名

4）然后单击"OK"按钮，会进入如图 6-5 所示的界面 1。从界面 1 上可以看出数据库的存储位置为"F:\Protel 99SE 文档\积分器应用电路.ddb"。

5）双击图 6-5 中的"Documents"图标或将鼠标放在"Documents"图标上右键单击，在弹出的快捷菜单中选择"Open"命令，就会出现如图 6-6 所示的界面 2。

图6-5 Protel 99SE 界面1

6）在图6-6所示的界面中执行"File"→"New"命令或者在图6-5或图6-6中的工作窗口的空白处右键单击，在弹出的快捷菜单中选择"New"命令就会出现如图6-7所示的界面。在该界面中双击"Schematic Document"图标或选中"Schematic Document"图标点击"OK"按钮就可进入系统创建的原理图文件名，如图6-8所示。

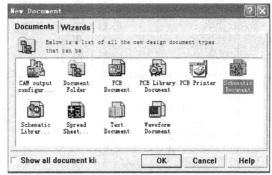

图6-6 Protel 99SE 界面2   图6-7 "New Document"对话框

7）在图6-8所示的工作窗口中将"Sheet1"文件名修改为"积分器应用电路"或在图标上右键单击，在快捷菜单中选择"Rename"来修改原理图名。注意不能更改文件后辍名".Sch"。如图6-9所示。

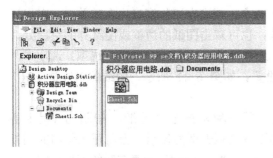

图6-8 系统创建的原理图文件名   图6-9 系统创建的原理图文件名"积分器应用电路"

8）在图 6-9 所示的工作窗口中双击图标或单击选中图标再按回车键，就会进入原理图的编辑界面，如图 6-10 所示。该窗口主要包括主菜单、主工具条、数据库保存地址、原理图文件名、元件浏览器、工作面板，另外还有状态栏和命令栏。

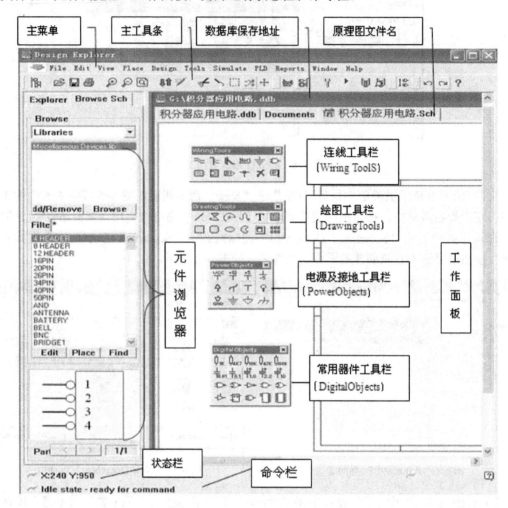

图6-10　原理图编辑窗口

（2）设置图纸大小

选择主菜单中的"Design"→"Options…"命令；或者在工作窗口内右键单击，在出现的下拉菜单中选择"Document Options"对话框；也可双击图纸的边框或图纸外的空白处，都会弹出图纸设置对话框，在弹出的对话框中，选择"Sheet Options"（纸张选项）选项卡，就会出现图纸类型、尺寸、底色等有关选项的设置。如图 6-11 所示，图纸的单位是 mil，1mil=0.0254mm。

图纸大小有两种选择，一种是标准图纸，另一种是自定义图纸。在图 6-11 中的"Standard Style"（标准图纸规格）的"Standard"下拉列表框内显示了当前正在使用的图纸规格，默认时使用英制图纸尺寸中的"B"号图。单击"Standard"列表右侧的下拉按钮，在出现的标准图纸规格窗口中，选择 A4 图纸类型，就可以完成图纸规格的选取。

注意：若标准图纸满足不了要求，就要自定义图纸的大小。自定义图纸可以在设置图纸对话框中的"Custom Style"区域中进行设置，这里必须选中"Use Custom Style"项，即在该项左边的方框内打钩，如图 6-11 所示，才可进行相关的设置，注意标准图纸和自定义图纸只能选取其中的一种。

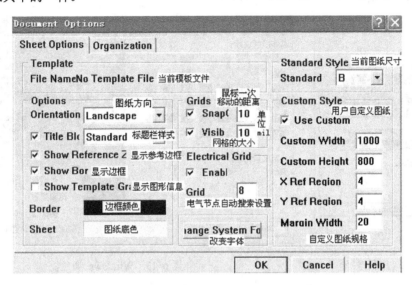

图 6-11　Document Options（文档选择）设置窗口

（3）图纸方向、边框颜色及底色设置

图 6-11 中的"Options"设置框用于选择图纸方向、标题栏样式、关闭或打开图纸边框等选项。

1）图纸方向设置

在"Orientation"下拉列表框中可选择图纸方向。可选择"Landscape"（风景画方式，即水平方向）方式或 Portrain（肖像方式，即垂直方向）方式。因屏幕上水平方向的尺寸大于垂直方向的尺寸，因此图纸旋转方向取水平方向更直观（打印时，将打印方向设置为纵向后，可获得良好的打印效果）。这里我们选择"Landscape"方式。

2）边框颜色设置

在"Border"颜色框中可选择图纸边框的颜色。默认为黑色（对应的值为 3），可不用更改。若想改变边框颜色，操作如下：将鼠标移到"Border"颜色框内，单击或右击均可，即会弹出颜色选取框。在"Basic Colors"（基本色）或"Custom Colors"（用户自定义颜色）列表中单击所需的颜色，然后单击"OK"按钮或者直接双击所选的颜色，即可改变图纸边框的颜色。这里我们选择"Basic Colors"（基本色）的 3 值。

注意：

● 如果"Basic Colors"提供的 256 种颜色和"Custom Colors"提供的 16 种颜色均不能满足要求，用户可单击图 6-12 中"Define Custom Colors…"按钮打开 Windows 调色板，如图 6-13 所示，调出自己满意的颜色，然后依次单击"添加到自定义颜色(A)"按钮和"确定"按钮，就会将调出的颜色放到自定义颜色框内，再到自定义框内选取自己调好的颜色。

3）图纸底色设置

在 Sheet 栏可选择图纸的底色，默认为淡黄色（对应的色值为 214），可不用更改。在原理图绘制时，可不必重新选取图纸的底色，但在打印时往往需要将其设为"白色"，否则会将图纸底色打印出来。这里选择 233，白色。

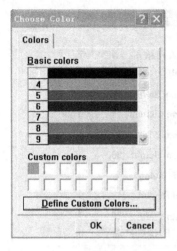

图 6-12　颜色选择

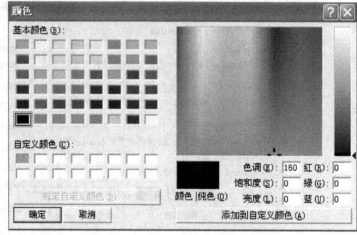

图 6-13　Windows 调色板

（4）图纸栅格及字体设置

1）图纸栅格设置

①　"Grids"复选框的下面两栏主要用于图纸栅格的设置，其中：

"Snap On"锁定栅格，即光标位移的步长，默认为 10mil，可根据需要更改，若去掉方框内的钩，则表示可移动任意步长。也可选择"View"菜单下的"Snap Grid"命令，可以允许/禁止显示可视栅格。这里在"Snap On"前打勾。

"Visible"用于设置可视栅格，屏幕上实际显示的栅格边长（即正方形格的长和宽）默认为 10mil，可根据需要更改，若去掉方框内的钩，则表示隐藏栅格。也可选择"View"菜单下的"Visible Grid"命令，可以允许/禁止显示可视栅格。这里在"Visible"前打勾。

注意：锁定栅格和可视栅格彼此间是相互独立的。

②　"Electrical Grid"复选框主要用于设置电气节点的自动搜索。若选中此项，系统在导线连接时，以光标位置为圆心，以"Grid"栏中设置的值为半径，自动向四周搜索电气节点，当找到最接近的节点时，就会将光标自动移到此节点上，在该节点上显示一个圆点，此项一般选中。也可选择"View"菜单下的"Electrical Grid"命令，可以打开/关闭"电气格点自动搜索"功能。

注意："Snap On"，"Visible"，"Electrical"三者取值大小要合理，否则连线时，将造成定位困难或连线弯曲的现象，一般可视栅格和锁定栅格大小相同，这样可保证导线端点准确定位在栅格点上，"电气格点自动搜索"半径范围要略小于锁定栅格，最好低于锁定栅格尺寸的一半左右。一般这三者可不用更改。

2）图纸字体设置

单击"Change System Font"按钮，就会弹出图 6-14 所示的"字体"对话框，可根据需要进行相应设置。这里选择字体是"宋体"、字形是"常规"、大小是"10"。

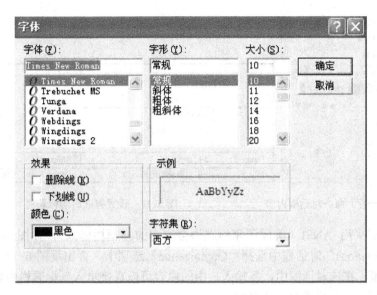

图 6-14 "字体"对话框

（5）标题栏的设置

标题栏有两种：Standard（标准格式）和 ANSI（美国国家标准协会制定的标题栏格式），这里采用 Standard，其 Standard 标题栏如图 6-15 所示。

Title		
Size B	Number	Revision
Data:	12-Mar-2013	Sheet of
File:	F:\积分器应用电路ddb	Drawn By:

图 6-15 Standard（标准标题栏）

1）Title：本章原理图的标题，可选择主菜单中"Place"→"Annotation"命令或单击绘图工具条中的 **T** 图标，这时鼠标会变成十字形（这里鼠标形状设置成了十字形），单击键盘上的〈Tab〉键，就会出现图 6-16 所示的对话框，在"Text"文本框中输入相应的字符串，例如输入"我的设计"，还可通过"Color"来改变字体的颜色，通过"Font"来改变字体，设置完后单击"OK"按钮即可。然后将字符串放置在"Title"对应的框中。

2）Number：文档编号，同样用文本对话框在"Text"中输入。

3）Revision：表示版本号，同上操作。

4）Sheet of：原理图的编号，同上操作。

5）Drawn By：绘制者，同上操作。

标题栏设置完成后如图 6-17 所示（示例）。

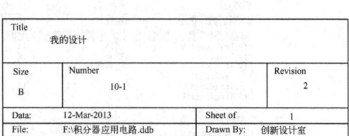

图 6-16 文本（一行）命令对话框内容　　　　　图 6-17 设置完成后的标题栏

注意：如果采用 ANSI（美国国家标准协会制定的标题栏格式），如图 6-18 所示。在"Design"→"Options"对话框中选择"Organization"选项卡，会出现图 6-18 所示的标题栏输入内容对话框。在该对话框中，各输入栏中的内容可以直接填入到标题栏中相应位置。

- Organiztion：公司或单位的名称。
- Address：公司或单位地址。
- .address1：地址 1。
- .address2：地址 2。
- .address3：地址 3
- .address4：地址 4
- Sheet：用来设置原理图的编号。其中"No."表示原理图的编号，"Total"表示原理图的数量。
- Document：用来设置文件其他信息。其中"Title"表示本章原理图的标题，"No."表示编号，"Revision"表示版本号。完成后如图 6-18 所示（只是示例）。原理图窗口中标题栏的变化如图 6-19 所示。

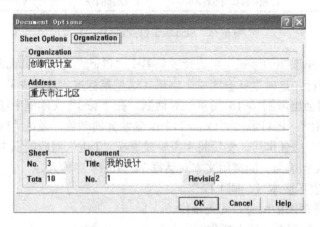

图 6-18　ANSI 标题栏输入内容

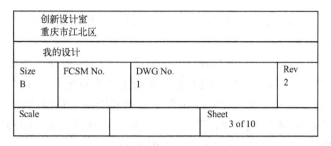

创新设计室 重庆市江北区			
我的设计			
Size B	FCSM No.	DWG No. 1	Rev 2
Scale		Sheet 3 of 10	

图 6-19　ANSI 标题栏显示的内容

在完成图 6-18 的设置后，在文本（一行）对话框内中可通过"Text"下拉列表框来选取相应的字符，从而实现字符串的输入（需将"Tools"菜单下的"Preferences..."（优化）打开，在"Graphical Editing"复选框中的"Convert Special Strin"前框打"√"）。如图 6-20 所示。

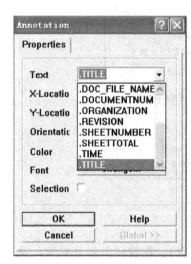

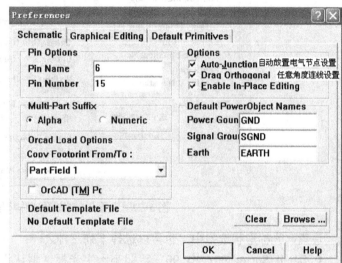

图 6-20　标题栏的输入内容　　　　　图 6-21　设置 Sch 编辑器工作环境的"Schematic"选项卡

（6）原理图的工作环境设置

1）自动电气节点设置

在连线操作中，当两条连线交叉或连线经过元件引脚端点时，Sch 编辑器会自动在连线的交叉点放置一个"电气节点"，使两条连线在电气上相连；同样，当连线经过元件引脚端点时，也会自动放置一个"电气节点"，使元件引脚与连线在电气上相连。采用自动放置电气节点方式的目的是为了提高绘图速度，但有时会出现错误相连，因此最好禁用这一功能（熟练操作者可采用），而通过手工方式在需要连接的连线或连线与元件引脚交叉点上放置电气节点。（初学者可选采用手动放置电气节点）。

选择主菜单中"Tools"中的"Preferences..."命令，在弹出的对话框内，选择"Schematic"选项卡，如图 6-21 所示，单击"Options"设置框内的"Auto-Junction"复选框，如果去掉其中的"√"，就可关闭自动节点放置功能。本项目启动该功能。

2）任意角度连线设置

在图 6-21 中，在"Drag Orthogonal"复选框中去掉"√"或选择"√"，即可禁止/允许任意角度连线，一般不使用任意角度连线方式。本项目不使用该功能。

3）光标大小、形状设置

选择主菜单的"Tools"中的"Preferences..."（优化）命令，在弹出的对话框内选择
"Graphical Editing"选项卡，即可显示如图 6-22 所示的设置窗口。在"Cursor/Grid Options"
（光标/栅格选择）设置框内，单击"Cursor"下拉列表框即可重新选择光标的开关和大小。
这里选择"Small Cursor 90"，小 90°，即小十字光标（默认设置）。在旋转总线分支时，选用
90°光标可避免 45°光标与总路线分支重叠，以便准确定位。

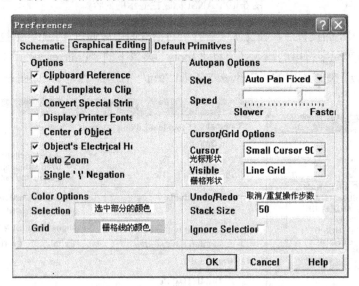

图 6-22　设置 Sch 编辑器工作环境

注意：光标形状选择中，也可以选择下列三种之一：

● Small Sursor 90：小 90°，即小十字光标（默认设置）。在旋转总线分支时，选用
　90°光标可避免 45°光标与总路线分支重叠，以便准确定位。

● Large Cursor 90：大 90°，即大十字光标。采用大 90°光标时，光标的水平与垂直线
　长充满整个编辑区。在元件移动操作过程中，常采用大 90°光标，以便准确定位。

● Small Cursor 45：小 45°倾斜光标。在连线、放置元件等操作过程中，选择 45°光
　标可以更容易看清当前光标位置，以便准确定位。

4）可视栅格形状、颜色及大小设置

① 栅格形状的设置：在图 6-22 所示对话框中选择"Cursor/Grid Options"设置框内的
"Visible"下拉列表框，Dot Grid 为点划线，Line Grid 为直线条。这里选择 Line Grid 可视栅
格形状。

② 栅格颜色的设置：在图 6-22 所示对话框中选择"Color Options"（颜色）设置框内的
"Grid"（栅格）项，即可重新选择栅格的颜色（默认时为灰色，对应的颜色值为 213），该项
选择 213。

③ 选中对象颜色的设置：在图 6-22 所示对话框中点击"Selection"项，即可重新选择
选中对象在屏幕上的颜色（默认为黄色，对应的颜色值为 230），该项选择 230。

5）编辑区移动方式设置

在图 6-22 所示对话框中，"Autopan Options"设置框用于选择编辑区移动方式，在连线或放置元件操作过程中，即在命令状态下，当光标移到编辑区窗口边框时，Sch 编辑器窗口将根据"Autopan Options"设置框设定的移动方式自动调整编辑区的显示位置。这里选择"Auto Pan Fixed Jump"，按 Step Size 和 Shift Step 两项设定的步长移动（可选用默认设置，不用更改）。

注意：选择编辑区移动方式设置还有下列两种：

- Auto Pan Off：关闭编辑区自动移动方式。
- Auto Pan Recenter：以光标当前位置为中心，重新调整编辑区的显示位置。在速度较快的电脑中，最好关闭编辑区自动移动方式，否则因刷新、移动速度太快，反而不好；速度慢的电脑，可采用自动移动方式。

2．常用元件库识别及装卸

（1）常用元件库及常用元件的识别

1）元件库的种类见表 6-1。

表 6-1　元件库的种类表

序　号	元件库英文名	中 文 名 称	备　注
1	Miscellaneous Devices.ddb	基本元件库	包括电阻、电容、二极管、晶体管等各种分立元件电路符号
2	Sim.ddb	仿真元件库	
3	TI Datbooks.ddb	德州仪器公司数据手册	
4	NEC databooks.ddb	美国国家半导体公司数据手册	
5	Protel DOS Schematic Libraries.ddb	各种集成电路芯片库	

2）Miscellaneous.ddb 部分分立元件库元件名称及中英对照见表 6-2 所示。

表 6-2　Miscellaneous.ddb 部分分立元件库元件名称表

元件英文名	元件中文名称	元件英文名	元件中文名称
AND	与门	MOTOR SERVO	伺服电机
ANTENNA	天线	NAND	与非门
BATTERY	直流电源	NOR	或非门
BELL	铃、钟	NOT	非门
BVC	同轴电缆接插件	NPN	NPN 晶体管
BRIDEG 1	整流桥（二极管）	NPN-PHOTO	感光晶体管
BRIDEG 2	整流桥（集成块）	OPAMP	运放
BUFFER	缓冲器	OR	或门
BUZZER	蜂鸣器	PHOTO	感光二极管
CAP	电容	PNP	PNP 晶体管

元件英文名	元件中文名称	元件英文名	元件中文名称
CAPACITOR	电容	NPN DAR	NPN 晶体管
CAPACITOR POL	有极性电容	PNP DAR	PNP 晶体管
CAPVAR	可调电容	POT	滑动变阻器
CIRCUIT BREAKER	熔丝	PELAY-DPDT	双刀双掷继电器
COAX	同轴电缆	RES 1；RES 2	电阻
CON	插口	RES3；RES 4	可变电阻
CRYSTAL	晶体振荡器	RESISTOR BRIDGE	桥式电阻
DB	并行插口	RESPACK	电阻
DIODE	二极管	SCR	晶闸管
DIODE SCHOTTKY	稳压二极管	PLUG	插头
DIODE VARACTOR	变容二极管	PLUG AC FEMALE	三相交流插头
DPY_3-SEG	三段 LED	SOCKET	插座
DPY_7-SEG	七段 LED	SOURCE CURRENT	电流源
DPY_7-SEG_DP	七段 LED（带小数点）	SOURCE VOLTAGE	电压源
ELECTRO	电解电容	SPEAKER	扬声器
FUSE	熔断器	SW	开关
INDUCTOR	电感	SW-DPDY	双刀双掷开关
INDUCTOR IRON	带铁心电感	SW-SPST	单刀单掷开关
INDUCTOR3	可调电感	SW-PB	按钮
JFET N	N 沟道场效应晶体管	THERMISTOR	电热调节器
JFET P	P 沟道场效应晶体管	TRANS1	变压器
LAMP	灯泡	TRANS2	可调变压器
LAMP NEDN	辉光启动器	TRIAC	三端双向晶闸硅
LED	发光二极管	TRIODE	晶体真空管
METER	仪表	VARISTOR	变阻器
MICROPHONE	麦克风	ZENER	齐纳二极管
MOSFET	MOS 管	DPY_7-SEG_DP	数码管
MOTOR AC	交流电动机	SW-PB	开关

3）Protel DOS Schematic Libraries.ddb 中的元件类型见表 6-3。

表 6-3　Protel DOS Schematic Libraries.ddb 数据库中的元件类型

序　号	库　　名	元件库类型
1	Protel Dos Schematic 4000 Cmos .Lib	40 系列 CMOS 管集成块元件库
2	Protel Dos Schematic Analog Digital.Lib	模拟数字式集成块元件库
3	Protel Dos Schematic Comparator.Lib	比较放大器元件库

序　号	库　名	元件库类型
4	Protel Dos Shcematic Intel.Lib	英特尔公司生产的 80 系列 CPU 集成块元件库
5	Protel Dos Schematic Linear.lib	线性元件库
6	Protel Dos Schemattic Memory Devices.Lib	内存存储器元件库
7	Protel Dos Schematic SYnertek.Lib	SY 系列集成块元件库
8	Protel Dos Schematic Motorlla.Lib	摩托罗拉公司生产的元件库
9	Protel Dos Schematic NEC.lib	NEC 公司生产的集成块元件库
10	Protel Dos Schematic Operationel Amplifers.lib	运算放大器元件库
11	Protel Dos Schematic TTL.Lib	晶体管集成块元件库 74 系列
12	Protel Dos Schematic Voltage Regulator.lib	电压调整集成块元件库
13	Protel Dos Schematic Zilog.Lib	齐格格公司生产的 Z80 系列 CPU 集成块元件库

（2）常用元件库的装卸

在放置元件之前，为了快速查找所需元件，通常需将该元件所在的元件库载入内存。如果一次载入过多的元件库，将会占用较多的资源，同时也会降低应用程序的执行效率。所以通常只载入必要而常用的元件库，其他特殊元件库当需要的时候再载入。

1）添加元件库

首先，在原理图编辑窗口下，选择设计管理器中的 Browse Sch 选项卡，然后单击"Add/Remove"按钮或执行菜单命令"Design"→"Add/Remove"，还可以单击主工具栏中的图标 ，屏幕会出现如图 6-23 所示的元件库的添加和删除对话框。

图 6-23　元件库的添加和删除对话框

其次，在软件安装文件中的 Design Explore 99\Library\Sch 文件夹下选取所需元件库文件（被选中的元件库文件背景呈现蓝色），然后双击该选中元件库或单击"Add"按钮，此元件库就会出现在 Selected File 文本框中。

最后，单击"OK"按钮，就完成了该元件库的添加。本项目添加常用元件库的 Miscellaneous Devices.ddb（基本元件库）、Protel DOS Schematic Libraries.ddb（各种集成电路芯片库）。

2）删除元件库

删除元件库第一步与添加元件库相同，在图 6-23 中，在 Selected File 文本框中选中要删除的元件库然后单击"Remove"按钮或在"Selected File"文本框中直接双击要删除的元件库。

3．元器件的放置与编辑

打开"积分器应用电路.Sch"文件，进入原理图工作窗口后，不断单击主工具栏中的放大工具图标 🔎 按钮或按键盘上的〈Page Up〉键（以鼠标为中心进行放大），直到工作区内显示出大小适中的可视栅格为止，然后即可进行原理图的绘制操作。如图 6-24 所示。

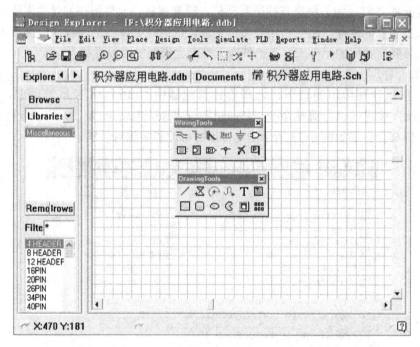

图 6-24 原理图正常操作时显示大小

（1）资源管理器和浏览管理器的使用

1）在原理图编辑器窗口的左侧，单击浏览管理器（Browse Sch）选项卡，如图 6-25 所示，可以浏览已装载的元件库（Libraries）的内容，也可以浏览当前或整个项目原理图（Primitives）的内容，通过单击图 6-25 中 `Libraries` ▼ 的下拉箭头来切换浏览的内容。浏览已装载的元件库，元件浏览选项区域内显示的为当前选中的元件库的元件列表。元件符号浏览区域显示的为当前选中的元件符号。元件过滤选项区域内可实现元件的快速查找。

2）在原理图编辑器窗口的左侧，单击资源管理器（Explorer）选项卡，如图 6-25 所示，可以方便快捷地打开文件。"Explorer"选项卡又被形象地称为导航树。

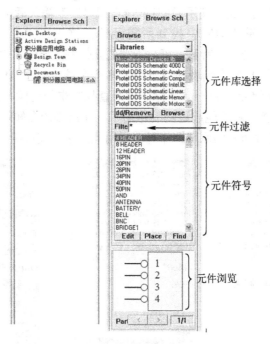

图 6-25　资源管理器和浏览管理器

（2）查找元件

查找元件的方法很多，本项目采用浏览元件的方法。可单击浏览管理器中的"Browse"按钮，如图 6-26 所示，或单击主工具栏图标 🔍，即可出现如图 6-27 所示的浏览元件对话框，在其中找到所需的元件。注意必须在知道元件所属库的基础上，且已经加载了元件所属的原理图库时，才能采用此方法。

图 6-26　浏览已加载元件按钮

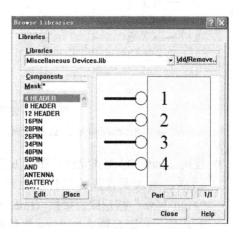

图 6-27　浏览元件对话框

注意：除了上述的浏览元件的方法外，还有以下三种方法，可以任意选择其中之一进行操作。

● 使用元件过滤器方法查找元件。在图 6-28 所示的过滤器的"Filter"文本框中输入要查找的元件全名或者配合使用通配符"*"或"？"输入后按〈Enter〉键，都可以方便地在已加载的原理图库中找到所需元件。这里在"*"前输入"r"或者输入"555*"，如图 6-28b、c 所示，可在下端的元件符号显示窗口中查看所找元件是不是要找的元件。其中"*"代表任何一个或多个字符，"？"代表任何一个字符。注意此方法需至少知道元件的一个字符，否则查找起来很麻烦，如不写入一个字符，直接用"*"来代替，就不能起过滤的作用了。注意必须在知道元件所属库的基础上，且已经加载了元件所属的原理图库时，采用此方法比较快捷。

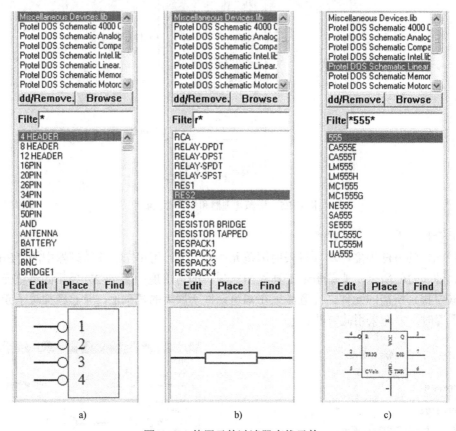

图 6-28 使用元件过滤器查找元件

a) 列出当前库所有元件   b) 列出当前库中 r 开头的元件   c) 列出当前库中含 555 的元件

● 使用 Find 方法查找元件。在图 6-28 中单击"Find"按钮，会弹出如图 6-29 所示对话框，输入要查找的元件名称或部分字符或元件描述，比如"74ls00"，再单击"Find Now"按钮或直接按〈Enter〉键就可查找，查找结果如图 6-30 所示。若已找到所需元件则直接单击"Stop"按钮停止，但为确保找到正确的元件一般情况让程序找完所有的元件库。注意此方法适用于任何情况。

● 使用常用工具栏（Digital Objects）方法查找元件。通过菜单命令"View"→"Toolbars"→"Digital Objects"即可使用，如图 6-31 所示。此方法简便快捷，但只有电阻、电容和常用工具栏中所有的集成芯片适合使用此方法。

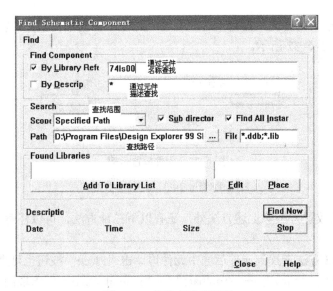

图 6-29　元件查找对话框

图 6-30　查找元件结果示例

图 6-31　常用元件工具栏

（3）元件的放置

根据表 6-4 所示的元件属性列表进行元件查找后，就要进行元件逐一放置。

表 6-4　电路图元件属性列表

元件属性	Lib Ref 元件名	Designator 元件符号	Part Type 元件大小或型号	Footprint 封装
元件属性	uA741	U1	uA741	DIP8
元件属性	RES2	R1、Rf、Rp	10k	AXIAL0.4
元件属性	CAP	C	0.022uF	RAD0.1
元件及元件封装库	Protel DOS Schematic Libraries.ddb Miscellaneous Devices.ddb			Advpcb.ddb

元件的放置方法很多，本项目采用浏览元件方法或元件过滤器方法查找到所需元件，选中所需元件（元件背景呈蓝色），然后单击下方的"Place"按钮或直接双击选中元件，这时元件会粘在鼠标上，再将元件移动工作窗口中适当的位置后，单击鼠标左键放置元件。若不

单击鼠标右键或按〈Esc〉键，将会一直放置同一元件，直到单击鼠标右键或按〈Esc〉键取消放置该元件。如图 6-32 所示。

图 6-32　元件放置示例

a) 元件放置过程中　　b) 元件放置完成

注意：元件的放置方法除上述方法外，还有以下三种方法，可以任意选择其中之一进行操作。

● 在使用 Find 方法查找到元件后选中元件再单击"Place"按钮也可直接放置元件。

● 使用菜单命令"View"→"Toolbars"→"Digital Objects"出现图 6-31 所示的工具栏后，直接单击工具栏中元件就可放置。

● 通过菜单命令"Place"→"Part"或单击编辑器中布线工具栏中的图标 ▷，以及在原理图工作区中单击鼠标右键，在出现的菜单中选择 Place Part 命令，都可出现如图 6-33 所示的对话框。输入元件的全名后单击"OK"按钮进行元件放置。注意此方法必须在知道元件的全名并且元件已加载到元件库后方可使用。

在放置元件的过程中，如何改变元件放置方向呢？

首先，在放置元件的过程中对准已放置好的元件单击鼠标并按住左键不放，此时可使用下面的功能键改变元件的放置方向（注意输入法是在英文输入状态下此功能才有用）：

① 按〈Tab〉键，可使元件按逆时针方向旋转 90°。

② 按下〈X〉键，使元件左右对调，即以十字光标为轴做水平调整。

③ 按下〈Y〉键，使元件上下对调，即以十字光标为轴做垂直调整。

注意：

● 以上改变放置方向的方法同样适用其他对象，如导线、端口、电源和接地符号等。

● 改变元件放置方向也可以在元件放置完成后双击元件，弹出"Part"对话框，打开"Graphical Attrs"选项卡。如图 6-34 所示，改变"Orientation"右侧的角度，可以旋转当前编辑的元器件。

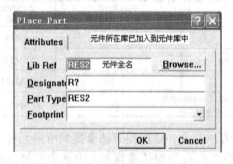

图 6-33　"Place Part"对话框

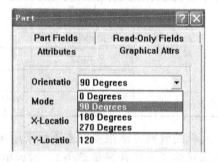

图 6-34　改变元件方向的对话框

（4）元器件的选取、移动与删除

1）选中对象

① 单个对象的选中

确定所要选取的对象后，单击元件，元件四周就会出现虚线框将元件包围，表示元件已被选中。

注意： 单个对象的选中除上述方法外，还有以下两种方法，可以任意选择其中之一进行操作。

● 双击元件，会弹出属性设置对话框，将"Selection"选项的右侧方框打钩，元件即被选中，其周围会出现黄色方框（系统设置选中颜色为黄色，也可更改）。

● 将鼠标移至元件的左上角，按住鼠标左键，然后光标拖拽到元件右下角，将要选中的元件全部框起来，松开左键，若被选中元件变成黄色，则表明元件被选中。（按住鼠标左键也可由元件的任意一角向对角拖拽）。

② 多个对象的选取

将鼠标移至元件的左上角，按住鼠标左键，然后光标拖拽到所选元件右下角，将要选中的元件全部框起来，松开左键。在拖拽过程中框中所要选取的所有元件即可。所有元件四周就会出现黄色方框一，表示所有要选的元件都被选中。

注意： 多个对象的选中除上述方法外，还有以下三种方法，可以任意选择其中之一进行操作。

● 逐次选中多个元件，执行菜单命令"Edit"→"Toggle Selection"，鼠标会变成十字光标，移至光标到所要选中的元件上，单击即可选中，元件四周同样会出现黄色框。将鼠标移至另一个元件再单击就可选中不同的元件了。

● 按住〈Shift〉键，然后使用鼠标左键逐个单击所要选中的元件。

● 使用菜单命令"Edit"→"Select"的子菜单中的各个命令来实现元件的选中，如图 6-35 所示。

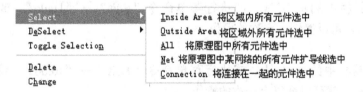

图 6-35　菜单选中元件的操作命令

2）取消选中元件

对于已被选中的元件，使用主工具栏中的图标 或执行菜单命令"Edit"→"Deselect"→"All"，可实现取消选中元件的操作。菜单命令"Edit"→"Deselect"的子菜单中各个命令的作用如图 6-36 所示。

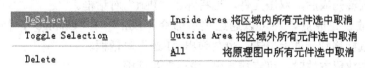

图 6-36　取消选中元件的操作命令

3）移动元件

在选中单个或多个元件后，将鼠标移至元件或黄色框中的元件上，按住鼠标左键不放，再移动鼠标，就可移动元件了。移到需要位置放开左键即可（单个或多个被选中的元件都可以）。

注意：移动元件除上述方法外，还有以下三种方法，可以任意选择其中之一进行操作。

● 当单个元件或多个元件以及导线被选中后，单击工具栏中的图标 ✛ 后，鼠标变成十字形，将鼠标移至选中的元件上单击，元件即被粘在鼠标上，再移动元件到所需要位置，松开左键即可。

● 执行菜单命令"Edit"→"Move"→"Move"后，鼠标变成十字形，将它移到要移动的元件上单击，元件即粘在鼠标上，就可移动元件到需要的位置。选中为黄色框的元件也可以移动，但不能移动多个选中的元件（只能移动一个元件）。

● 用修改元件放置位置的坐标来移动元件。打开元件属性对话框中的"Graphical Attrs"选项卡，修改其"X-Location"、"Y-Location"的参数值，就可移动元件了。

4）删除对象

使用〈Delete〉键：先选中单个元件，然后按该键就可将其删除。

注意：删除对象除上述方法外，还有以下两种方法，可以任意选择其中之一进行操作。

● 执行菜单命令"Edit"→"Delete"：不用选中元件，执行命令后鼠标变成十字形，移到要删除的元件上单击左键，可连续操作。单击右键退操作。

● 使用〈Ctrl+Delete〉键或使用菜单"Edit"→"Clear"：适用于选择中的对象，单个多个选择中元件删除均可。

5）撤销与恢复对象

① 撤销

使用主工具栏中的 ↶ 工具，或执行菜单命令"Edit"→"Undo"，或者使用快捷键〈Alt+Backspace〉，可以撤销上一次的操作。

② 恢复

使用主工具栏中的 ↷ 工具，或执行菜单命令"Edit"→"Redo"，或者使用快捷键〈Ctrl+Backspace〉，就可以恢复上一次的操作。

（5）元件属性的编辑

1）打开元件"Part"对话框

在元件放置过程中（元件还未放下）按〈Tab〉键，将弹出图 6-37 所示的"Part"对话框，可在该对话框中设置元件属性。

注意：除上述方法外，还有以下三种方法，可以任意选择其中之一进行操作。

● 在元件旋转完成后，双击元件，也将弹出"Part"对话框。

● 在元件放置完成后，还可以通过菜单命令"Edit"→"Change"，使鼠标变成十字形，将鼠标移到元件上单击，也会弹出"Part"对话框。

● 采用元件放置方法时，可直接弹出"Part"对话框。

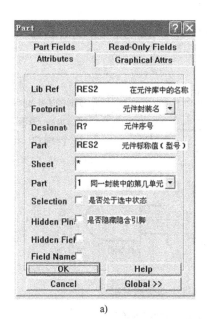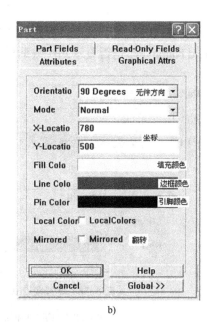

a) b)

图 6-37 "Part"（元件属性）对话框

a)"Attrbutes"选项卡　b)"Graphical Attrs"选项卡

2）元件属性对话框的填写

在图 6-37 所示的元件属性对话框里按照表 6-4 所示依次填写每个元器件。

注意：

- "Lib Ref"元件在元件库中的名称不用修改，但可以更换为库内的另一元件名。
- "Footprint"元件的封装名称。一个元件可以有不同的外形，即可以有多种封装形式，如 74LS00 有双列直插式（DIP14）封装形式，也有表面粘贴式（SMD14A）封装形式；常用元件电阻的封装为 AXIAL0.3～AXIAL1.0；无极性电容的封装为 RAD0.6～RAD0.4；集成电路 uA741 的封装为 DIP8。
- "Designator"元件序号，即元件在电路图中的编号。可在放置过程中编号，也可随后编号，还可以让 Protel 99SE 自动编号，但不能有重复的编号。默认情况下，Protel 99SE 用"R？"、"C？"、"Q？"、"U？"等表示。
- "Part"元件属性的第一个"Part"是元件标称值（电阻、电容等元件，如 10kΩ、10μF 等）或元件型号（二极管、晶体管、集成元件等元件，如 1N4001、NPN 等），默认时将元件名称作为该项的值。第二个"Part"是指复合元件中哪个单元号的元件。例如 74LS00 是由四个与非门组成，用字母 A、B、C、D 来表示与非门第几个。如果在"Part"项中选 1，则表示选择的是第一个与非门，图纸显示的 74LS00 的序号为 UA；如果在 Part 项选择 2，则表示选择第二个与非门，图纸显示 74LS00 的序号为 UB；如图 6-38 所示，该元件的序号为 U1。
- "Selection"为切换选取状态，选择该选项后，则该元件处于选中状态。
- "Hidden Pins"用于设置是否显示元件的隐藏端子，选择该选项后可显示元件的隐藏端子。

119

- "Hidden Fields"用于设置是否显示"Part Fields"选项卡中的元件数据栏。
- "Field Name"即是否显示元件数据栏名称。

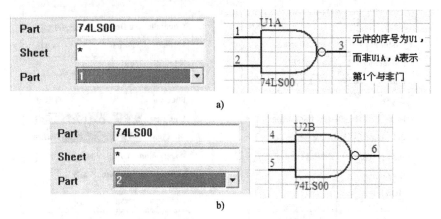

图6-38 选择复合式封装元件中的不同单元号

a) 74LS00 的第 1 个单元 b) 74LS00 的第 2 个单元

如果单击"Global >>"按钮，则显示详细的元件属性，如图 6-39 所示，操作者可以在后面弹出的详细对话框中设置相关属性。

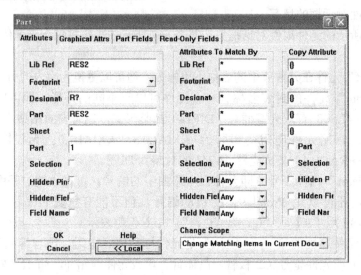

图6-39 元件属性的详细设置

3）元件显示属性的编辑

按照表 6-4 所示依次核对元件显示属性，如果有误，可将鼠标移到元件的序号或显示的名称上双击鼠标，打开一个针对该元件序号或标称值（型号）的属性对话框，可对元件序号或标称值（型号）进行更改，如图 6-40 所示。

也可通过此对话框对元件的 X 轴及 Y 轴坐标（"X-Location"及"Y-Location"）、旋转角度（"Orientation"）、显示颜色（"Color"）、显示字体（"Font"）、是否被选取（"Selection"）、是否隐藏显示（"Hide"）等更为深入、细致的控制特性进行相应的修改。

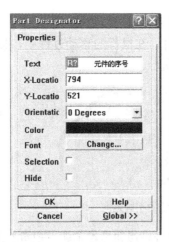

图 6-40　元件序号和标称值（型号）的设置

通过元器件的放置与编辑，将图 6-1 所示积分器的应用电路中所需元件放置与编辑成如图 6-41 所示。

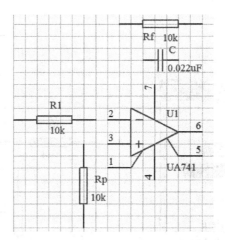

图 6-41　积分器的应用电路原理图中元件的放置与编辑

4. 导线的放置与编辑

（1）放置导线

完成图 6-41 所示电路图元件的放置后，就可以放置导线了。导线的放置可执行菜单命令"Place"→"Wire"或者使用"WiringTools"工具栏中的 ≈ 工具以及在原理图工作窗口空白处单击鼠标右键在出现的菜单中选择"Place Wire"命令。此时鼠标指针的形状会由箭头变为十字，这时只需将鼠标指针移向预拉预拉线的元件的一端，单击鼠标，就会出现一条可以随鼠标移动的预拉线，将鼠标移至需要连接的另一端，单击鼠标便可完成导线的放置，再单击右键完成一条导线的放置（若此时要退出放置状态可以再单击鼠标右键或者按下〈Esc〉键退出放置状态）；此时鼠标仍然是处于放置导线状态（鼠标是十字形的），依照相同的操作可以完成其他导线的放置。若要完全退出放置导线状态，可以双击鼠标右键。

当鼠标指针移动到连线的转弯点时，单击鼠标就可以定位一次转弯。

当导线的两端不在同一水平或垂直线上时，在鼠标的移动过程中，按下〈Tab〉键可以改变导线的走向。导线的不同走向如图 6-42 所示。

图 6-42   导线的不同走向

注意：在放置导线的过程中导线的端点或者导线和导线不能出现重叠的现象。

（2）设置导线属性

当系统处于预拉线状态，按下〈Tab〉键将弹出 Wire（导线属性设置）对话框，如图 6-43 所示。当导线放置好后，双击导线或将鼠标移到导线上单击右键选择"Properties"命令，也可打开导线属性设置对话框。

图 6-43   导线属性设置对话框

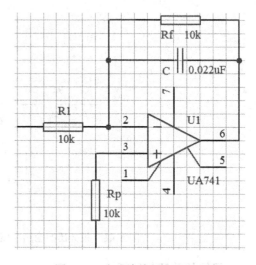

图 6-44   完成连线后电路原理图

注意：在图 6-43 中的导线属性设置过程中要注意以下几点：

● Wire：设置导线宽度。单击下拉列表框，有 Smallest（最小）、Small（小）、Medium（中）、Large（大）4 种类型可供选择。一般选择默认值（Small）。

● Color：颜色设置，单击颜色框可以设置导线的颜色。一般也选默认颜色。

● Selection：设置导线是否被选中，右侧方框打"√"就表示被选中。

（3）导线的长短设置及删除

如果对于导线的放置不够熟练，可能出现导线绘制过长或过短以及绘错等情况发生，这时就需要对导线进行相应的调整才能达到要求。

1）导线的拉长或缩短：当绘制的导线长度不够或太长时，可以将导线拉长或缩短。操作时，单击鼠标选中导线，导线两个端子会出现两个灰色正方形点（窗口视图要适中），再将鼠标移到其中一个点上，按住鼠标左键不放，这时可以移动鼠标将导线拉长或缩短到理想的位置，松开鼠标左键，导线就会拉长或缩短了。再在其他空白处单击，灰色小点就会消失，这样就完成导线的长短变化设置。

② 导线的删除：若导线放置错误或放置不理想，可以删除导线重新再放置。操作时，单击鼠标选中导线，导线两端会出现灰色小点，再按〈Delete〉键或执行菜单命令"Edit"→"Delete"，就可以删除导线了，再重新放置新的导线。完成连线后的电路图如图6-44所示。

5．放置电源和接地符号

（1）放置电源和接地符号

操作时可以单击"Power Objects"（电源及接地）工具栏中图标$\overline{\overline{\overline{}}}$或执行菜单命令"Place"→"Power Port"来放置V_{cc}电源符号和GND接地符号。

（2）设置电源及接地符号属性

单击图标$\overline{\overline{\overline{}}}$或执行菜单命令"Place"→"Power Port"后，鼠标上就会出现一个随它移动的电源符号，按下〈Tab〉键，出现如图6-45所示的属性设置对话框。其中电源符号显示类型有"Bar"（直线）、"Circle"（圆）、"Allow"（箭头）、"Wave"（波）等，接地符号有"Allow"（箭头）、"Power Ground"（电源地）、"Signal Ground"（信号地）、"Earth"（接地）等形式。积分器的应用电路原理图绘制完成后如图6-46所示。

图6-45 电源及接地设置

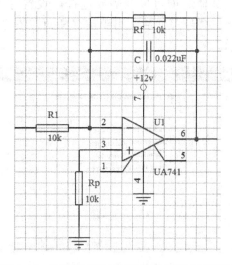

图6-46 绘制完成后的积分器的应用电路原理图

注意：对于已经放置好的电源及接地符号，双击它或通过右键菜单的"Properties"命令，也可以弹出"Power Port"对话框。

6．元件清单的产生和原理图的导出及打印

（1）元件清单的产生（报表文件有生成）

原理图绘制完成后，可将原理图的图形文件转化成文本格式的报表文件，元器件报表文件主要用于整理一个电路或整理一个项目文件中的所有元器件，它主要包括元器件的名称、标号和封装等内容。报表文件的生成步骤如下：

1）打开积分器的应用电路.Sch 文件。

2）执行菜单命令"report"→"Bill of Material"，将会出现如图 6-47 所示的"BOM Wizard"对话框。

3）在图 6-47 中选择"Project"（整个项目的元件清单）或"Sheet"（当前电路图的元件清单），单击"Next"按钮，系统将进入如图 6-48 所示的设置元件列表内容对话框。

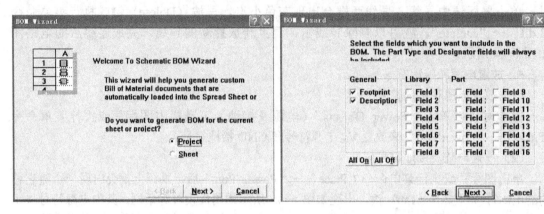

图 6-47　"BOM Wizard"的对话框　　　　　图 6-48　设置元件列表内容对话框

4）在图 6-48 中选择报表内容，单击相应选项前的复选框，即可选择或取消相应的选项，其他选项可根据需要选择。设置好"Footprint"（封装形式）、"Description"（元件标号、型号等）后，再单击"Next"按钮。系统会进入定义表头信息对话框，如图 6-49 所示。

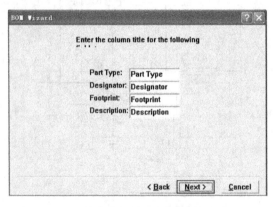
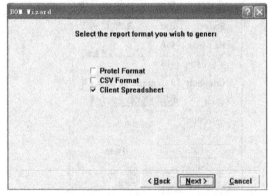

图 6-49　定义表头信息对话框　　　　　　图 6-50　选择元件列表格式对话框

5）单击图 6-49 中的"Next"按钮，系统会出现如图 6-50 所示的选择元件列表格式对话框。系统提供了三种格式：

① Protel Format：选取此项，将生成 Protel 格式的元件列表，扩展名为".BOM"。产生了元件清单后，系统将启动编辑器并装入生成的元件清单文件。

② CSV Format：选取此项，将生成 CSV 格式的元件列表，扩展名为".CSV"。

③ Client Spreadsheet：选取此项，将生成 Protel 的表格编辑器格式文件，扩展名为".XLS"。

6）这里选择"Client Spreadsheet"格式，然后单击"Next"按钮，系统将会出现如图6-51所示的"BOM Wizard"完成对话框。

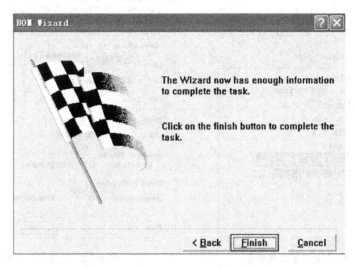

图6-51 "BOM Wizard"完成对话框

7）单击"Finish"按钮，系统就会进入表格编辑器，并生成扩展名为".XLS"的元件列表，如图6-52所示。

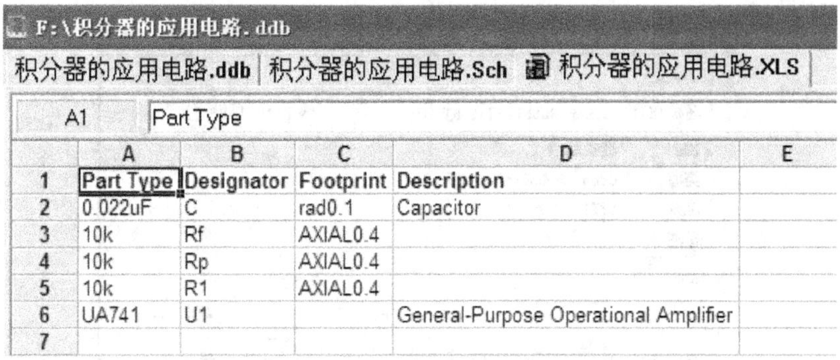

	A	B	C	D	E
1	Part Type	Designator	Footprint	Description	
2	0.022uF	C	rad0.1	Capacitor	
3	10k	Rf	AXIAL0.4		
4	10k	Rp	AXIAL0.4		
5	10k	R1	AXIAL0.4		
6	UA741	U1		General-Purpose Operational Amplifier	
7					

（F:\积分器的应用电路.ddb，积分器的应用电路.ddb｜积分器的应用电路.Sch｜积分器的应用电路.XLS，A1 Part Type）

图6-52 生成的元件列表

（2）原理图的导出

进入设计文件管理器界面，如图6-53所示。选中"积分器的应用电路.Sch"，单击鼠标右键，选择菜单命令"Export"，选择导出文件到所需要的文件夹下，然后保存即可，原理图导出后的图标为 积分器的应用电路.Sch。

（3）原理图的打印

1）打开原理图文件。

2）设置打印机。执行菜单命令"File"→"Print Setup"，系统将弹出如图6-54所示的对话框，在这个对话框内可以设置打印机的类型、打印纸、打印方向、打印比例等参数。

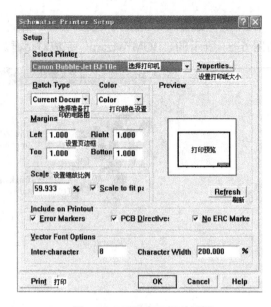

图 6-53 设计文件管理器界面　　　　　　　图 6-54　设置打印机对话框

① Select Printer：选择打印机。单击 Select Printer 下拉菜单，就会出现所有配置的打印机，设计者可以根据实际硬件配置情况来选择适当的打印机类型和输出接口。选择了打印机后，单击右边的"Properties"按钮，将会出现如图 6-55 所示的打印设置对话框。

图 6-55　"打印设置"对话框

② Batch Type：选择准备打印的电路图。其中"Current Document"选项用于打印当前正在编辑的文件；"All Documents"选项用于打印设计项目所有的文件。对于只有一张电路图的设计项目来说，选择"Current Document"和"All Documents"没有区别；对于具有多张电路图的设计项目来说，一般也选择"Current Document"，逐一打印，这样能根据电路图的实际大小，选择不同的缩放率，灵活性大。

③ Color：打印颜色设置。其中"Color"选项用于彩色打印输出，根据设计者实际情况选择；"Monochrome"选项用于单色打印，即按照色彩的明暗度将原来的色彩分成黑、白两

种颜色。

④ Margins：设置空白边框打印。上（Top）、下（Bottom）、左（Left）、右（Right）空白边框宽度是指打印纸边缘到图纸边框的距离，默认为 1 英寸，一般不需要更改，但当打印放大倍数太小时，可以适当减小边框的宽度。

⑤ Scale：缩放比例。根据设计需要设置缩放比例，以获得大小适中的打印效果，范围是 0.001%～400%，"Scale" 旁边的 "Scale to fit Page"（充满整页）选项选中后缩放比例由编辑器内原理图大小、位置以及打印纸尺寸决定，不能修改。为了获得最大的放大倍数以及不使原理图被分割，一般均选用 "Scale to fit Page" 打印方式。

⑥ Vector Options：设置矢量字体。

3）打印输出原理图。设置好了打印机后，单击图 6-54 中的 "Print" 按钮或执行菜单命令 "File" → "Print"，系统将根据设置将原理图打印出来。

6.2 积分器的单面 PCB 制作

6.2.1 任务描述

根据 6.1 节任务中绘制出来的简单原理图完成积分器的单面 PCB 图。从 PCB 文件的建立、PCB 的规划与设置、手动放置元件与布局到手动布线，完成 PCB 图。将绘制好的 PCB 图导出到指定的文件下，进行打印。

6.2.2 学习目标

1．在 PCB 制作中能根据具体情况，规划电路板（包括物理边界及电气边界）。

2．PCB 制作中对单层布线的电路板，知道需要确定电路板的哪些层？熟悉每层有什么作用？

3．熟悉手动布局及手工布线来绘制电路板的步骤。

6.2.3 技能训练

1．新建 PCB 文件

1）创建 PCB 文件。在图 6-56 的界面下，选中文件夹 "Documents" 后，执行 "File" → "New" 菜单命令，系统将显示新建文件对话框，如图 6-57 所示。

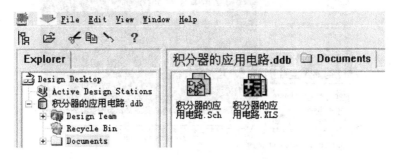

图 6-56　新建 PCB 文件开始界面

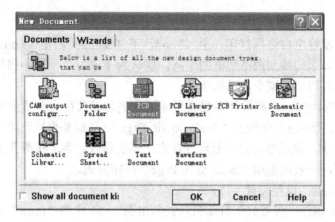

图 6-57 新建文件对话框

2）从对话框中选择 PCB 文件图标"PCB Document"，双击图标或选中后单击"OK"按钮，将新建一个默认文件名为"PCB1.PCB"的 PCB 文件，将文件名改为本例的电路名称"积分器的应用电路.PCB"，如图 6-58 所示。

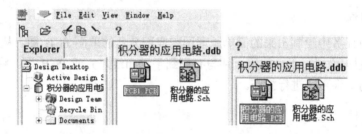

图 6-58 PCB 文件名的修改

3）双击 PCB，进入 PCB 的编辑器界面，如图 6-59 所示。

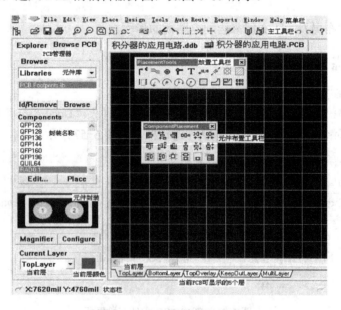

图 6-59 PCB 的编辑器界面

2. 加载 PCB 元件封装库

加载 PCB 元件封装库时，单击左侧 PCB 管理器的"Browse PCB"按钮，选择下拉菜单中的"Library"选项，再单击"Add/Remove Library"按钮，就会弹出 Add/Remove（添加、删除）对话框，如图 6-60 所示。

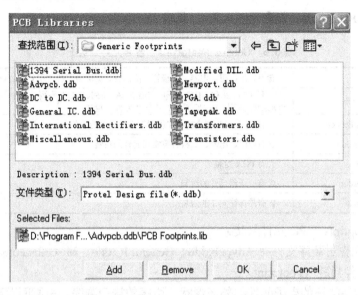

图 6-60　Add/Remove（添加、删除）对话框

注意：除上述方法外，还有以下两种方法可以弹出 PCB 元件封装库 Add/Remove（添加、删除）对话框：

● 单击主工具栏的 按钮。

● 执行菜单命令"Design"→"Add/Remove Library…"。

若要添加"Generic Footprints"文件下的元件库，打开"Generic Footprints"文件夹，再打开要选择的元件库，如"Advpcb.ddb"，或者选择要添加的元件库，然后单击"Add"按钮，就会添加已选择的元件封装库。

若添加的元件库不对，要删除有两种方法：一是直接在图 6-60 中"Selected Files"区域内双击要删除的元件库；二是在图 6-60 中"Selected Files"区域内选中要删除的元件库，然后单击"Remove"按钮，就会删除加载错误的元件库。

在本例积分器的应用电路 PCB 设计中所需加载元件封装库为"Advpcb.ddb"，加载路径是 Library\PCB\Generic Footprints\Advpcb.ddb。在此元件封装库能找到积分器的应用电路所有元件所对应的元件封装。

注意：PCB 元件库的常用封装都在"Generic Footprints"文件下的"Advpcb.ddb"文件中。

3. 常用元件封装的认知

（1）常用元件封装库的认知

Protel 99SE 在 Library\PCB 路径下有三个文件夹，提供三类 PCB 元件的封装，即：

1）Connectors（连接器元件封装），见表 6-5。

表 6-5　Connectors（连接器元件封装）

D TYPE CONNECTORS.DDB	含有并口、串口类接口元件的封装
HEADERS.DDB	含有各种插头元件的封装

2）Generic Footprints（普通元件封装），见表 6-6。

表 6-6　Generic Footprints（普通元件封装）

Advpcb.ddb	含有常用电阻、电容、二极管、晶体管、集成电路等常用元件的封装
General IC.ddb	含有 CFP 系列、DIP 系列、JEDECA 系列、LCC 系列、DFP 系列、ILEAD 系列、SOCKET 系列、PLCC 系列、电容等元件的封装
International Rectifiers.ddb	含有 IR 公司的整流桥、二极管等常用元件的封装
Miscellaneous.ddb	含有电阻、电容、二极管等常用元件的封装
Pga.ddb	含有 PGA 封装
Transformers.ddb	含有变压器元件的封装
Transistor.ddb	含有晶体管元件的封装

3）IPC Footprints（IPC 元件封装）

常用 PCB 元件封装库文件有 Advpcb.ddb、General IC.ddb、Miscellaneous.ddb。

（2）常用元件封装（Footprint）

PCB 元件封装描述的电子元件的外部形状、引脚的排列顺序、引脚间距离等都与实际元器件一样，而前面介绍的原理图中的元件，只是实际电子元件的一个表示符号。元件封装就是指元件实际焊接到电路板上所指示的外观和焊点位置，不同的元件可能有相同的外部形状，我们便可以说它们有相同的封装。PCB 中元件的封装由元件的投影轮廓、引脚对应的焊盘、元件标号和标注字符等组成。

元件的封装形式大体可以分成两大类。一类是针脚式元件封装，就是我们俗称的穿孔元件（元件在电路板一面，焊盘在另一面），单面板中，元件在顶层，焊点在底层。另一类是表面粘贴元件（SMT）元件封装，表面粘贴元件的焊点和元件在同一板层。下面对应常用元件实物图，让我们来认识常用元件封装的形式及封装名称。

1）电阻元件的封装

电阻元件实物图与常用引脚封装如图 6-61 所示，其封装系列名称为 AXIALxx。其中"xx"表示数字，取值范围为 0.3～1.0 英寸，后面数字越大，表示两焊盘间距越大，如 AXIAL0.4 表示两焊盘的间距为 400mil。

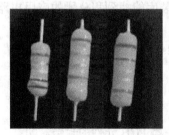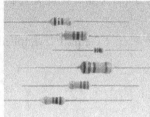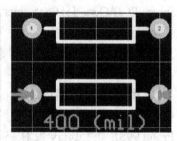

图 6-61　电阻元件的实物图与封装形式

2）电容元件的封装

电容元件实物图与封装形式如图 6-62 所示，有两类：一类是电解电容封装系列，名称为 RBxx，其中"xx"为"0.2/0.4~0.5/1.0"数值越大，表示两焊盘两引脚间距越大电容容量也越大；"0.2"表示两焊盘的间距为 200mil，".4"表示元件封装外框的间距是 400mil。另一类为 RADxx，其中"xx"为"0.1~0.4"，数值越大，表示两焊盘间距越大，"0.1"表示两焊盘的间距为 100mil。

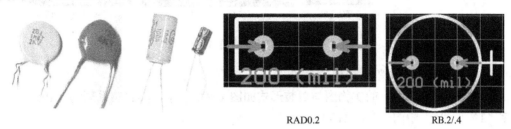

RAD0.2   RB.2/.4

图 6-62　电容元件的实物图与封装形式

3）二极管元件的封装

二极管的实物图与常用封装形式如图 6-63 所示，其封装系列名称为 DIODE0.4~DIODE0.7，后面的数字越大，则表示功率越大。"0.4"表示两焊盘的间距为 400mil。

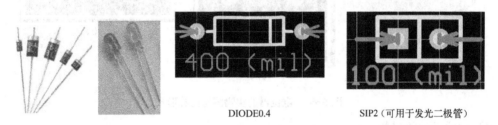

DIODE0.4   SIP2（可用于发光二极管）

图 6-63　二极管的实物图与封装形式

注意：

● 发光二极管两引脚间距比较小，没有单独的封装，可以电阻、电容或者 SIP 的封装来代替，也可以根据发光二极管的实物来确定其封装形式。

● 二极管整流桥的实物图与封装形式有 D-40、D-44、D-37、D-38、D-46 等，如图 6-64 所示。

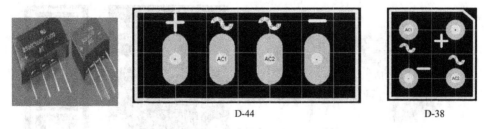

D-44   D-38

图 6-64　二极管整流桥的实物图与封装形式

4）晶体管元件的封装

晶体管的实物图与封装形式如图 6-65 所示，其封装系列名称为 TOxx，其中"xx"是数字，表示晶体管的类型，一般包括晶体管、小功率管和大功率管等。

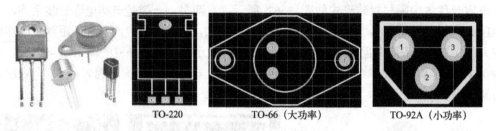

TO-220　　　　TO-66（大功率）　　　　TO-92A（小功率）

图 6-65　晶体管的实物图与封装形式

5）电位器（可变电阻）元件的封装

电位器（可变电阻）的实物图与封装形式如图 6-66 所示，其封装系列为 VRx，"x" 取数字 "1" ～ "5" 中的一个，如 VR3。

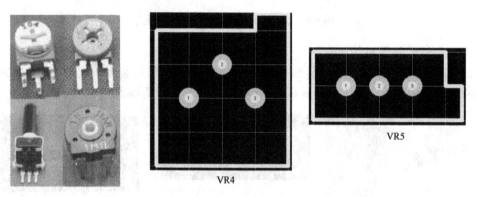

VR4

VR5

图 6-66　电位器的实物图与封装形式

6）电感元件的封装

电感元件的封装可以用电阻或无极性电容的封装来代替，也可用其他形式的封装形式，视具体的元件实物来选择封装形式。

7）集成芯片元件的封装

一般集成芯片的实物图与封装形式如图 6-67 所示，其封装系列名称为 DIPxx（双列直插式）、SIPxx（单列直插式），其中 "xx"，表示引脚数。例如 DIP14 表示双列 14 个引脚，SIP4 表示单列 4 个引脚。

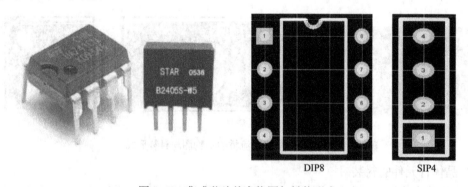

DIP8　　　　SIP4

图 6-67　集成芯片的实物图与封装形式

8) 串并口元件的封装

串并口是各种计算机及控制电路中不可缺少的元件，其实物图和封装形式如图 6-68 所示。其封装系列名称为 DBxx/F、DBxx/M、DBxxRAF/F、DbxxRA/M，其中"xx"表示针数。例如 DB9/F、DB9/M。

 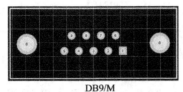 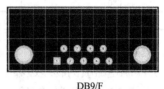

图 6-68　串并口的实物图与封装形式

9) 晶体振荡器元件的封装

晶体振荡器的实物图与封装形式如图 6-69 所示，封装名称为 XTAL1。

  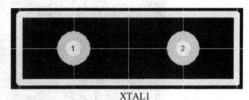

图 6-69　晶体振荡器的实物图与封装形式

10) 熔丝（FUSE）元件的封装

熔丝的实物图与封装形式如图 6-70 所示，其封装系列名称为 FUSE。

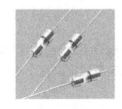 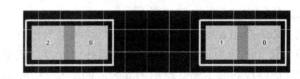

图 6-70　熔丝的实物图与封装形式

11) 贴片元件的封装

贴片元件的封装形式有多种，有两个焊盘及多个焊盘的形式，如图 6-71 所示。如贴片电阻、电容等二端元件均属于两个焊盘的元件，其封装名称为 0402～7275。0402 表示的是封装尺寸，与具体阻值没有关系，但封装尺寸与功率有关。部分元件尺寸见表 6-7。

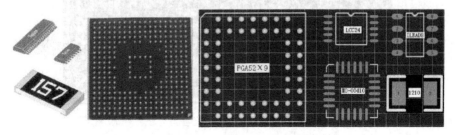

图 6-71　贴片的实物图与封装形式

表 6-7　部分两个焊盘的贴片元件尺寸

电阻/电容规格简称（英制）	规格简称（公制）	实际尺寸/mm
0402	1005	1.00×0.50
0603	1608	1.60×0.80
0805	2012	2.00×1.25
1206	3216	3.20×1.60

2．电路板的规划与设置

（1）绘制电路板的物理边界

打开 PCB 编辑器界面，在"Mechanical1"（机械层）绘制物理边界；单击"Mechanical1"绘图界面，用画线工具（图标为 ≈）画一个电路板外边框，这是实际裁剪电路板的依据，如图 6-72 所示。

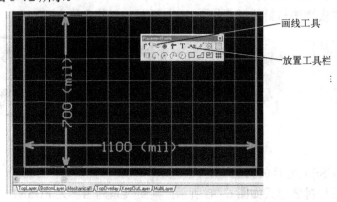

图 6-72　在机械层绘制物理边界图

（2）绘制电路板的电气边界

在"KeepOutLayer"（禁止布线层）绘制电气边界：单击"KeepOutLayer"绘图界面，用画线工具（图标为 ≈）画一个电路板外边框，这就是电路板的电气边框。这个电气边框就是实际电路板布线不允许超出的界限，如图 6-73 所示。

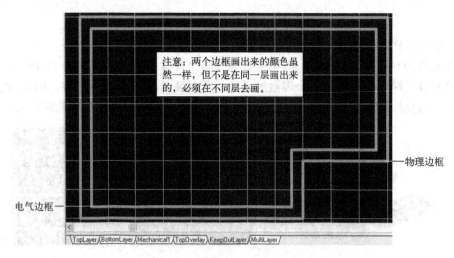

图 6-73　在禁止布线层绘制电气边框

注意: 电气边框一定要小于或等于在机械层"Mechanical1"所画的物理边框,不能比物理边框大。

(3) 设置布局范围和确定电路板工作层

1) 设置相对原点

操作步骤:单击放置工具栏中的 ⊠ 按钮或执行菜单命令"Edit"→"Origin"→"Set",在适当的位置单击鼠标设置相对原点,如图 6-74 所示。

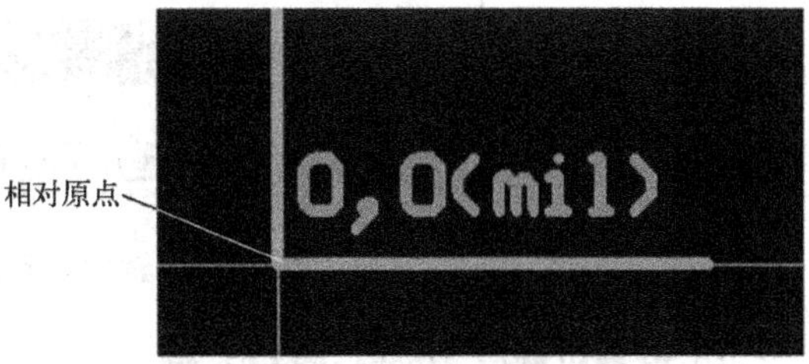

注意:

- 在英文输入状态下,依次单击键盘上三个键〈E〉、〈O〉、〈R〉,设置新原点。
- 绝对原点就是系统自动定义的坐标原点,在工作窗口的左下角。
- 相对原点就是用户自定义的原点。

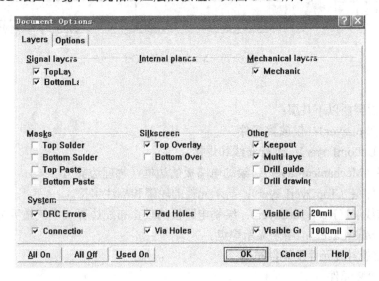

图 6-74 设置相对原点

2) 恢复绝对原点

操作步骤:执行菜单命令"Edit"→"Origin"→"Reset"。

注意:

- 在英文输入状态下,依次单击键盘上三个键〈E〉、〈O〉、〈R〉,取消新原点。

3) 确定电路板的数目

① 单层电路板

所谓单层电路板,顾名思义,即一层放置铜膜走线,一层放置元件。同时需要显示元件的轮廓和标注字符及电路板的边界。

打开 PCB 编辑器界面,单击菜单命令"Desgin"→"Options",出现如图 6-75 所示的"Document Options"关于 Layer(层)的信息对话框,在相应层名称前的方框内打"√",这些层就会在 PCB 绘图环境下出现相对应层的按钮,如图 6-76 所示。

图 6-75 "Document Options"关于 Layer(层)的信息对话框

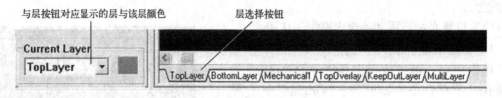

图 6-76　PCB 绘图环境下出现的层按钮

② 设置机械层 Mechanical Layer

执行菜单命令"Desgin"→"Mechanical Layer"，就会出现如图 6-77 所示的机械层设置对话框，在第一个"Mechanical1"后的方框内打"√"，就会自动出现图中"Mechanical1"后面的"Mechanical1"在"Visible"下面的方框内打"√"。单击"OK"按钮后，再执行菜单命令"Desgin"→"Options"，在"Mechanical1"前面的方框内打"√"，然后单击"OK"按钮，"Mechanical1"界面图标就会在 PCB 绘图环境中出现，如图 6-78 所示。依照相同的方法可以设置其他机械层。

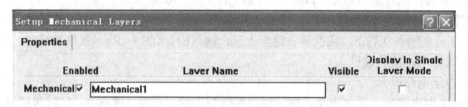

图 6-77　机械层设置对话框

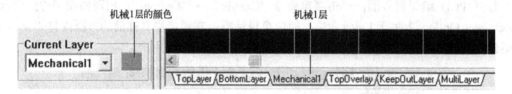

图 6-78　Mechanical1 按钮

注意：

单层电路板需要以下几层：

● 顶层（TopLayer）：仅放置元件。

● 底层（BottomLayer）：进行布线和焊接。

● 机械层（MechanicalLayer）：绘制电路板的边框（物理边界）。

● 顶层丝印层（TopOverLayer）：显示元件的轮廓和标注字符。

● 禁止布线层（KeepOutLayer）：绘制电路板的禁止布线边界（电气边界）。

● 多层（MultiLayer）：用于显示焊盘。

4．手工放置封装元件及元件布局

（1）放置封装元件

放置封装元件的方法有以下几种：

1）单击放置工具栏中的 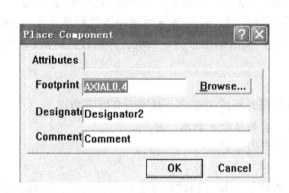 按钮。

2）在英文输入状态下在电路板的工作区内依次单击键盘上两个键〈P〉、〈C〉。

3）在左侧的"Components"（元件区）找到相应的元件封装名称，双击该元件封装名称，或者单击该元件封装名后，再单击该区下面的"Place"按钮。

4）执行菜单命令"Place"→"Component"，系统将会弹出"Place Component"放置封装元件对话框，如图6-79所示。

5）单击图6-79中右上角的"Browse"也会出现上述第三步放置元件的步骤，进行元件放置。

注意：如果元件放错了，在英文输入状态下，依次单击键盘上的〈E〉、〈D〉键或〈CTRL+X〉组合键，光标变成删除状态，就可以点击要删除的元件。若要同时删除多个元件，则先选中需要删除的元件，再进行上述的操作。

（2）封装元件属性设置

元件放置好后，双击元件或右键单击元件后在菜单中选择"Properties..."，就会出现如图6-80所示的元件属性设置对话框。

图6-79 放置封装元件对话框

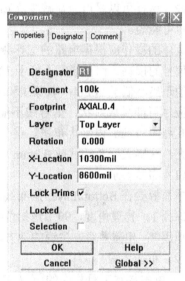

图6-80 元件属性设置对话框

注意：

● Designator：元件标号。

● Comment：元件型号或标称值。

● Footprint：元件的封装形式。

● Layer：元件所在的工作层。

● Rotation：元件的旋转角度。

● Lock Prims：该项有效（方框内打"√"），则元件封装图形不能被分解开。

● Locked：该项有效时，元件被锁定，不能进行移动、删除等操作。选中 Locked 项，试图移动元件时，系统会弹出要求确认的对话框，如图6-81所示。

● Slection：该项有效时，元件被选中。

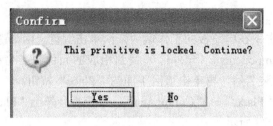

图 6-81　要求确认的对话框

（3）元件布局

本项目有 5 个元件，布局简单，仅要求元器件的外侧距板边的距离为 5mm。卧装电阻、电解电容等元件的下方避免布过孔，以免波峰焊后过孔与元件壳体短路。元件放置方向与波峰焊时 PCB 移动方向垂直。

5．单面电路板手工布线

PCB 布线有两种方式：自动布线和手工布线。初学者通常采用手工布线。

电路板的走线一般按照信号的流向采用走直线，需要转折时可采用 45°折线或者采用圆弧线，这样可以尽可能地减少高频信号对外的发射和相互间的耦合，同时高频信号线的布线要尽可能短。

具体的操作应根据电路的工作频率，合理地选择布线的长度，这样可以减少分布参数，降低信号的损耗。信号线宽不低于 12mil；CPU 输入/输出线不低于 10mil（或 8mil），线与线之间的距离不低于 10mil；电源线和地线要尽可能宽，不应低于 18mil，同时要注意电源线与地线应尽可能呈放射状，信号线不能出现回环走线。布线区域距电路板边距离小于 1mm、安装孔周围 1mm 内禁止布线。整个电路板内线应疏密合理，当疏密差别较大时应以网状铜箔填充，网格大于 8mil（或 0.2mm）。

（1）布线要求

单面板要在 BottomLayer 层布线。线拐弯时不能走直角。其原因有以下两点：

原因 1：物理角度，90°角拐角尖锐，容易从板上剥落、翘起。

原因 2：电磁兼容，尖锐的地方，易产电磁辐射。

（2）布线步骤

1）单击放置工具栏中的 （交互式直线）图标（也可以用走线 图标），或执行菜单命令"Place"→"Interactive Routing"，光标就会变成十字形状，即进入布线状态。

2）导线的拐角模式和切换。在走线过程中，可以按〈Shfit+Tab〉组合键来切换导线的模式，可以使走线在 45°、90°、圆弧线之间切换。

3）对放置的导线进行编辑

单击已放置的导线，导线会被选中同时导线上会出现三个方块（两端点和中点，即表示导线被选中，就可以进行编辑）。

① 用鼠标单击两端任意一方块（光标会由箭头形状变为十字形状），移动鼠标，导线的一端位置就会发生改变。

② 鼠标按在导线一个端子上不放，可进行下面两种操作。

● 按〈Tab〉键，导线的方向就会改变，每按一次即按逆时针旋转 90°。

● 移动鼠标，导线整体会移动。

③ 单击导线中间的方块（鼠标同样会由箭头形状变为十字形状），移动鼠标，导线就变为折线。变为折线后，鼠标移到两段中任意一段上按住左键不放并移动鼠标，该线段就会被移开，原来的一条导线会变成两条直线。

注意：

● 在英文输入状态下，也可以依次按键盘上的〈P〉、〈T〉键来放置导线。

● 按照积分器的应用电路原理图绘制铜膜导线：本例中信号线宽度为 25 mil，电源及地线宽度为 40mil。完成后如图 6-82 所示。其三维图形如图 6-83 所示。

物理边框 ——
电气边框 ——

导线 ——

地线 ——

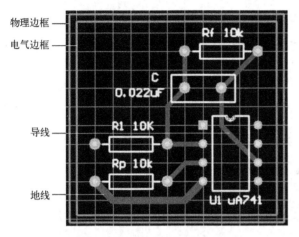
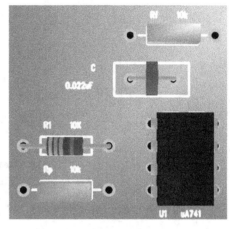

图 6-82　积分器的应用电路 PCB 板图　　　　　　　图 6-83　三维图形

● 导线应布在 BottomLayer（底层）层；元件的标注不能放在元件体上。

6．PCB 图的导出、打印

（1）PCB 图的导出

完成 PCB 图的绘制并保存后，可以将 PCB 图导出，导出有两种方式。

1）选择菜单命令"File"→"Export"（导出）。

2）单击 PCB 管理窗口内"Explore"按钮，在"Explore"窗口中找到 PCB 文件图标，鼠标选中后单击右键选择"Export"命令。在弹出的对话框内选择文件存放的位置和格式后，选择保存就可将 PCB 图导出。如图 6-84 所示。

图 6-84　"积分器的应用电路.PCB"文件的导出

（2）PCB 图的打印

打印 PCB 图，首先要对打印机进行设置，然后再进行 PCB 图的打印。

（3）打印机的设置

1）执行菜单命令"File"→"Printer"→"Preview"，系统会生成"Preview 积分器的应用电路.PPC"文件，如图 6-85 所示。

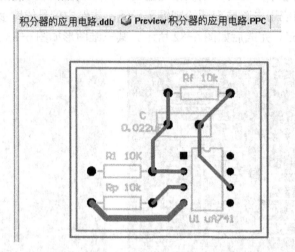

图 6-85 "积分器的应用电路.PCB"文件生成"Preview 积分器的应用电路.PPC"文件

2）执行菜单命令"File"→"Setup Printer"，系统会弹出打印设置对话框，可选择打印机名称、需要打印的文件名等，如图 6-86 所示。

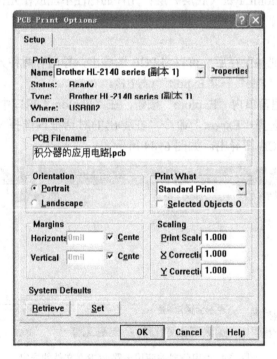

图 6-86 打印设置对话框

3）在图 6-86 中单击打印机属性"Properties"按钮，在出现的对话框中进行打印方向和打印纸的尺寸设置，设置完成后，单击"OK"按钮完成打印设置操作。

（4）打印输出

设置完打印后，再执行菜单"File"→"Print"的相关命令进行打印。打印 PCB 印制电路板的命令如下：

1）Print All：打印所有图形。

2）Print Job：打印操作对象。

3）Print Page：打印给定的界面，执行该命令后，会弹出"页码输入"对话框，在该对话框中输入要打印的页码。

4）Print Current：打印当前页。

6.3 实验要求

1）画出多谐振荡电路原理图如图 6-87 所示：原理图命名为"多谐振荡器.sch"。原理图相关设置可按原理图的大小和显示等需要自行设置；完成"多谐振荡器电路"的单面 PCB图。从 PCB 文件的建立、电路板的规划与设置、手动放置元件与布局到手动布线，完成PCB 图。将绘制成的 PCB 图导出到指定的文件下，进行打印。

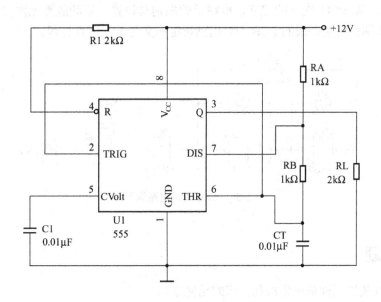

图 6-87 多谐振荡器电路

2）画出共发射极放大电路原理图如图 6-88 所示：原理图命名为"共发射极放大电路.sch"，原理图相关设置可根据原理图的大小和显示等需要自行设置；完成"共发射极放大电路"的单面 PCB 图：从 PCB 文件的建立、电路板的规划与设置、手动放置元件与布局到手动布线，完成 PCB 图。将绘制成的 PCB 图导出到指定的文件下，进行打印。

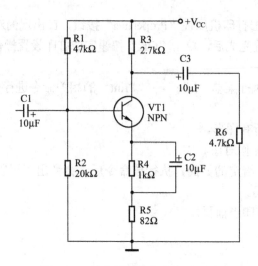

图 6-88　共发射极放大电路原理图

3）自建原理图元件库文档"***.lib",编辑 6 反相器 74LS04 元件，注意画出电源和接地并隐藏，6 个非门分 6 个独立 part 画出；画出如图 6-89 所示的 CPU 时钟电路原理图，原理图命名为"CPU 时钟电路.sch"，原理图相关设置可根据原理图的大小和显示等需要自行设置，并调入"***.lib"所设计的 74LS04，完成电路原理图绘制；完成"CPU 时钟电路"的单面 PCB 图，从 PCB 文件的建立、电路板的规划与设置、手动放置元件与布局到手动布线，完成 PCB 图。将绘制成的 PCB 图导出到指定的文件下，进行打印。

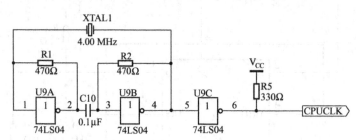

图 6-89　CPU 时钟电路原理图

6.4　思考题

1．为什么放置元件前应先加载相应的元件库？

2．如何加载一个元件库？如何删除一个元件库？如何浏览一个元件库？

3．试述导线（Wire）与总线（Bus）的区别。

4．说明放置元件（Part）有哪几种方法？

5．如何对所放置的实体（如元件、导线等）属性进行编辑？

第7章　基于 Protel 99SE 的直流稳压电源电路设计

7.1　直流稳压电源的电路原理图设计

7.1.1　任务描述

直流稳压电源是一种通用的电源设备，它能为各种电子仪器和电路提供稳定的直流电源。当电网电压波动，负载变化和环境温度在一定范围内变化时，其输出电压能维持相对稳定。直流稳压电源由电源变压器、整流器、滤波器和稳压电路 4 部分组成。

利用 Protel 99SE 软件，通过新建原理图文件、图纸设置、电子元器件的查找以及元件库的添加、自定义绘制元件、元器件的放置与编辑、设置与修改元器件属性、放置导线及电源、添加注释、检查电气规则等步骤绘制出图 7-1 所示的简单电路图。

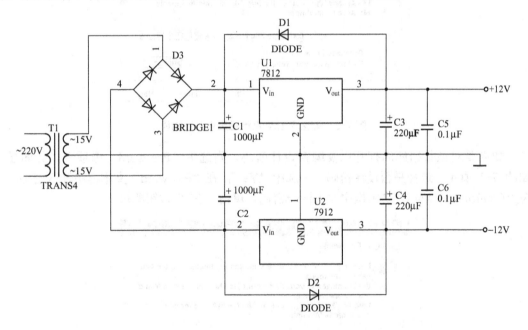

图 7-1　直流稳压电源电路原理图

7.1.2　学习目标

1. 熟练建立原理图文件，设置纸张大小。
2. 能够进行电子元器件的查找以及元件库的添加。
3. 能根据资料自定义绘制元器件图形。

4．能对放置在原理图中的元件进行整体编辑。

5．能对原理图进行电气规则检查并修改检查出的错误。

7.1.3 技能训练

1．绘制电路原理图

（1）新建原理图文件

打开 Protel 99SE 软件，单击菜单栏"File"下的"New Design"命令，弹出如图 7-2 所示的对话框，界面自然显示在"Location"选项卡上，在"Database File Name"文本框中输入"双 12V 直流稳压电源.ddb"，单击"Browse"按钮选择这个数据库所要保存的位置，这里可以选择保存在电脑的"桌面"上。

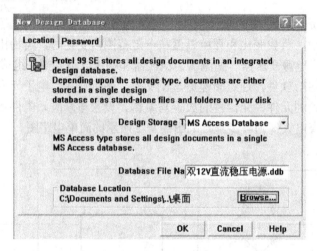

图 7-2　新建双 12V 直流稳压电源数据库

如果要对该数据库的打开以及编辑设计密码，则选中"Password"选项卡，界面显示如图 7-3 所示，选择是否设计密码，先选中"Yes"，在"Password"文本框中输入密码，再在"Confirm Password"文本框中输入同一密码，单击"OK"按钮即可。

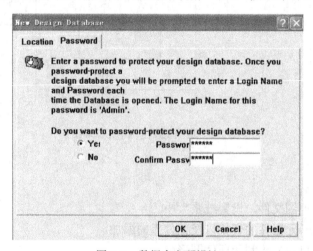

图 7-3　数据库密码设计

注意：图 7-3 所示界面中的"The Login Name"是"Admin"，在每次打开文件时，都要输入用户名"Admin"和密码，如图 7-4 所示。

图 7-4　输入用户名和密码

双击"双 12V 直流稳压电源.ddb"的"Document"文件，界面右下方出现一大片空白区域，单击菜单栏"File 文件"下的"New 新建文件"按钮，弹出一个"New Document"界面，选择并双击"Schematic Document"图标，或单击它后单击"OK"按钮，自动生成一个"Sheet1.Sch"文件，选中蓝色的"Sheet1.Sch"字体可直接改名或右键单击图标选择重命名后改名为"双 12V 直流稳压电源.Sch"，这样就新建了一个"双 12V 直流稳压电源.Sch"原理图文件。

（2）图纸设置

打开"双 12V 直流稳压电源.Sch"原理图文件，双击原理图文件绘图区边框，或在绘图中间空白处单击右键，选择"Document Options"命令，也可以选择菜单栏里"Design"下的"Options"命令，或直接在英文拼写状态下的键盘上按快捷键〈D〉和〈O〉，就会弹出"Document Options"对话框，在"Sheet Options"选项卡中进行设置。

1）在"Standard Style"下拉列表框中，选择"A4"纸张。

2）在"Grids"下方的两个栅格即"Snap Grids"和"Visible Grids"文本框里分别填入"5"和"10"。

3）单击"Change System Font"按钮，在弹出的对话框中设置字体为"楷体 GB2312"、常规选择"粗体"，字体大小为"12"。

4）设置绘图区底板和边框线颜色，底板颜色一般不要太深，以便于清晰显示出原理图。双击"Sheet"选项进行工作区的颜色设置，选择"233"号；双击"Border"选项进行边框线颜色设置，选择 3 号。

（3）电子元器件的查找以及元件库的添加

根据项目导读中描述的框架显示，首先要变压，需要变压器元件，其元器件的电路符号如何找呢？由于"变压器"的英文是"transformer"，于是在绘图工作区左边的浏览窗口中的"filte"文本框里的"*"前（注意不要去掉"*"）输入"T"，然后按键盘上的〈Enter〉键"。注意保持"Libraries"是系统默认的"Miscellaneous Devices.ddb"。于是出现如图 7-5 所示的界面，依次单击"TRANS1"、"TRANS2"、"TRANS3"、"TRANS5"、"TRANS5"选项，在下方图形浏览区看看哪个元件符号符合要求，如图 7-6 所示，找到所需的变压器元件图形。

图 7-5　使用过滤器　　　　　　　　　图 7-6　浏览元件符号

同理，对于稳压环节所需的稳压器元件，又称电压调节器 （voltage regularor），缩写为 "VOLTREG"，同样使用过滤器的方法找到该元件，单击 "Place" 按钮直接在工作区放置元件图形。

若在默认的元件库里找不到所需元件图形，就要使用 "Find" 功能进行查找。选择命令 "Tools" → "Find Component" 或单击 "Browse Sch" 窗口栏的 "Libraries" 下方的元件区的 "Find" 按钮，也可以在英文输入状态下直接在键盘上按〈CTRL+F〉组合键，之后出现如图 7-7 所示的界面，在 "By Library Reft" 文本框处输入想要的元件，比如查找桥整元件 "BRIDGE"，在 "*" 号前输入，进行过滤查找，然后单击 "Fingd Now" 按钮就可以找到该元件，如图 7-8 所示，将出现两个元件库，其中第一个库里有两个元件 "BRIDGE1" 和 "BRIDGE2"，这里可以选择 "BRIDGE1"，直接单击 "Place" 按钮就可以在工作区直接放置。也可以找到该元件所在的元件库，单击其下方的 "Add To Library List" 按钮就加载了该元件所在的库。

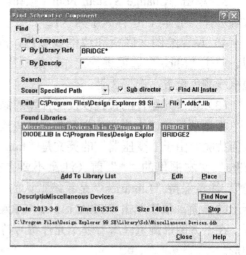

图 7-7　查找元件对话框　　　　　　　　图 7-8　查找到桥式整流整元件

（4）自定义绘制元件

由于元件库中的元件"VOLTREG"引脚与电路中的正输出稳压芯片 7812 引脚的功能一致，所以可直接从元件库中取出放置，但元件"VOLTREG"引脚与电路中的负输出稳压芯片 7912 引脚的功能不完全相同，所以需要自定义绘制 7912 元件图形。

在打开的"双 12V 直流稳压电源.Sch"原理图里，单击左上方的"Explorer"选项卡，单击目录下的"Documents"选项卡，然后选择菜单命令"File"→"New"，弹出"New Document"对话框，选择并双击"Schematic Library Document"图标，如图7-9所示，自动生成一个"Schlib1.Lib"库文件，右键单击该图标，重命名为"双 12V 直流稳压电源.Lib"，如图 7-10 所示。

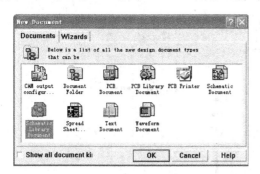

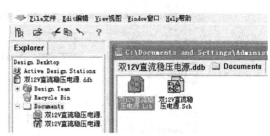

图7-9　选择自定义元件库文件　　　　　　图7-10　重命名自定义元件库

双击"双 12V 直流稳压电源.Lib"图标，出现的十字坐标状的界面就是自定义绘图区域，如图 7-11 所示。

图7-11　自定义绘图区域

由于 7912 与表示 7812 的"VOLTREG"元件外观一样，仅是个别引脚功能不同，所以该元件可以不完全自己绘制，采取部分修改相近元件的方法，其方法是：

1）选择左上方的"Explorer"选项卡，单击目录下的"Documents"选项，再单击"双 12V

直流稳压电源.Sch"选项，或在界面上直接单击"双 12V 直流稳压电源.Lib"图标左边的"双 12V 直流稳压电源.Sch"图标，如图 7-11 所示的圆圈中的部分，进入原理图绘制窗口，选择左边"Browse.Sch"选项卡，在"Filte"过滤栏输入"V"或"VOLTREG"，找到"VOLTREG"元件，单击"Edit"按钮，出现一个元件编辑窗口，如图 7-12 所示。由于原理图中要使用该元件，所以不能改变库中原有的元件图形，只能复制该元件图形到自定义元件库中稍作修改。于是选择菜单命令"Edit"→"Select"→"All"，如图 7-13 所示，看到界面上的图形被选中变色。继续选择菜单命令"Edit"→"Copy"，光标在界面绘图区域变为"十"字，在选中的图形上单击，则光标的"十"字消失。接着要选择菜单命令"Edit"→"Deselect"→"All"，或直接单击工具栏中的 图标，否则该元件被锁住，不能取出使用。

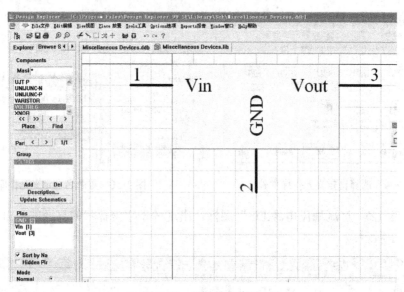

图 7-12　元件编辑窗口

　　2）选择"Explorer"选项卡，单击目录下的"Documents"选项，再单击"双 12V 直流稳压电源.Lib"图标，进入自定义绘制元件窗口，选择菜单命令"Edit"→"Paste"或直接单击工具栏中的 按钮，如图 7-14 所示，出现"十"字光标下带一个图形，可以随鼠标任

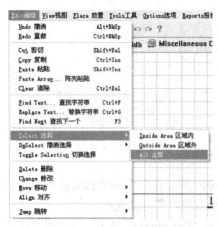

图 7-13　选中全部元件的命令

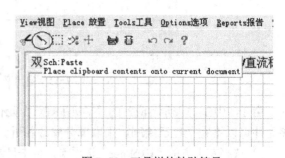

图 7-14　工具栏的粘贴符号

148

意移动。在自定义绘制元件区域，十字坐标的交叉点表示原点坐标，绘制的元件一般在第四象限，否则，以后取该元件图绘制原理图时会有一些问题。因此，把鼠标移到第四象限，直到矩形左上角与原点对齐即可，如图 7-15 所示。接着选择菜单命令"Edit"→"Deselect"→"All"，或直接单击工具栏中的  按钮，如图 7-16 所示。

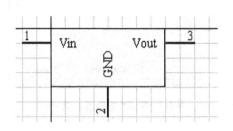

图 7-15　元件图形与编辑区的原点坐标对齐

图 7-16　　取消元件的选中

3）编辑修改元件图形。元件引脚 3 功能不变，只修改元件引脚 1 和引脚 2 的功能。双击元件引脚 1，出现如图 7-17 所示的元件引脚属性框，在"Number"栏，把 1 修改为 2 即可；同理修改元件引脚 2 为 1，再对着引脚 1 按住鼠标左键不松手，直到光标变为"十"字，移动鼠标拖动引脚到需要的位置，注意带火柴头的一端在元件外端，在英文输入状态下，可以逐次按〈Tab〉键进行旋转，这样移动元件引脚 1 和 2 后的元件图形如图 7-18 所示。

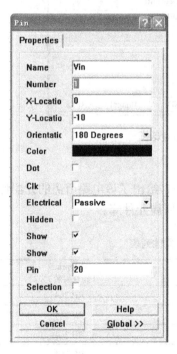
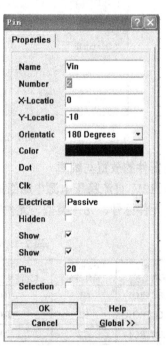

图 7-17　元件引脚属性框中引脚序号"Number"由 1 变 2

4）元件改名。由于自定义绘制该元件的名称在打开该库文件时就自动生成了"Component_1"，因此要重新命名，选择菜单命令"Tools"→"Rename Component"，弹出一个对话框，如图 7-19 所示，将"COMPONENT_1"改名为"VOLTREG_1"。

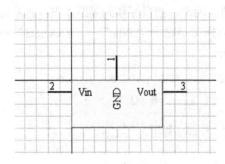

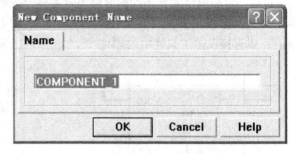

图 7-18　自定义绘制的元件　　　　　图 7-19　自定义绘制的元件重命名框

5）元件描述。单击左边的浏览窗口中的"Decription"，出现一个元件文本描述对话框，如图 7-20 所示，在"Default"文本框中填入"U?"，在"Footprint"文本框中填入"TO-220"。

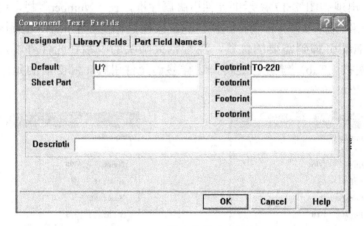

图 7-20　元件文本描述对话框

（5）元器件的放置与编辑

根据双 12V 直流稳压电源电路组成情况，表 7-1 给出了该电路所需的元器件属性，如元件名称、元件标号、元件类型、元件封装以及元件所属元件库。

表 7-1　电路所需的元件属性列表

序号	Lib Ref （元件名称）	Designator （元件标号）	Part Type （元件类型或标示值）	Footprint （元件封装）
1	ELECTRO1	C1	1000μF	RB.2/.4
2	ELECTRO1	C2	1000μF	RB.2/.4
3	ELECTRO1	C3	220μF	RB.2/.4
4	ELECTRO1	C4	220μF	RB.2/.4
5	CAP	C5	0.1μF	RAD0.1
6	CAP	C6	0.1μF	RAD0.1
7	VOLTREG	U1	7812	TO-220

序号	Lib Ref（元件名称）	Designator（元件标号）	Part Type（元件类型或标示值）	Footprint（元件封装）
8	VOLTREG_1	U2	7912	TO-220
9	BRIDGE1	D3	BRIDGE1	D-44
10	DIODE	D1	DIODE	DIODE0.4
11	DIODE	D2	DIODE	DIODE0.4
12	TRANS4	T1	TRANS4	TRF_EI30_2
备注	除 VOLTREG-1 是自定义绘制元件，其余都在 Miscellaneous Devices.ddb 元件库中			桥整元件 D-44 在 Intrnational Rectifier.lib 中，变压器 TRF_EI30_2 在 Transformers.lib 中，其余元件都在 PCB Footprints.lib 中

根据表 7-1 的元件名称，在屏幕左方的元件管理器的原理图库里选取相应元件，并放置于编辑区。

如何放置元件呢？在打开的"双 12V 直流稳压电源.Sch"文件的绘制原理图界面，在"Filte"中选中要放置的元件（选中的元件背景是蓝色），然后单击下方的"Place"（放置）按钮，在绘制区域出现"十"字光标下带该图形，如图 7-21 所示，当鼠标移动到适当位置时，单击即可完成放置，如图 7-22 所示。

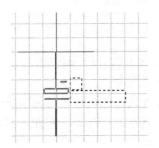

图 7-21　元件放置过程中

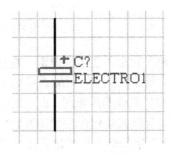

图 7-22　元件放置完成

在元件放置过程中，当处于图 7-21 所示状态时，如果想取消放置，则可以直接按〈Esc〉键或单击右键。

注意： 除了上述方法外，还有其他三种方法可以选取元件：

● 通过菜单命令"Place"→"Part"，打开图 7-23 所示放置元件对话框。

● 单击布线工具栏中的放置元件 图标，如图 7-24 所示，如果界面上没有出现布线工具栏，则通过菜单命令"View"→"Toolbars"→"Wiring Tools 连线工具条"，如图 7-25 所示，界面即出现。

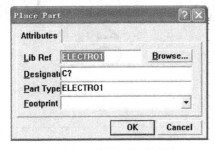

图 7-23　放置元件对话框

图 7-24　布线工具栏

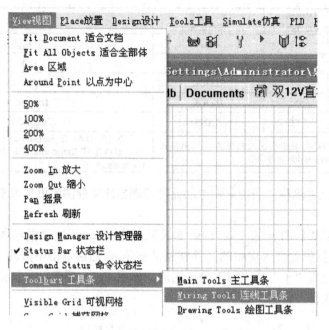

图 7-25　通过菜单命令显示布线工具栏

● 在英文输入状态下使用快捷键，直接快速按键盘上的〈P〉键两次。

在元件的放置过程中，如何放置自定义绘制的元件呢？

单击"双 12V 直流稳压电源.Lib"文件，直接打开自定义绘制元件编辑界面，如图 7-26 所示，单击浏览窗口的新建元件"VOLTREG_1"左下方的"Place"按钮，界面直接进入原理图，而且"十"字光标下带有该元件一直随鼠标移动。

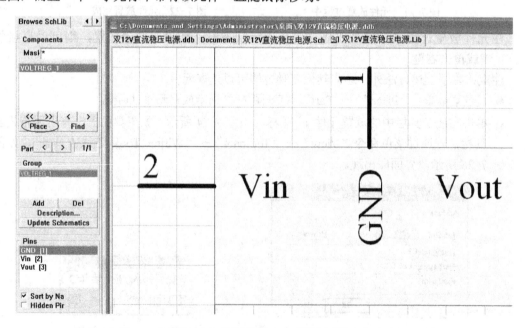

图 7-26　直接放置自定义绘制元件

注意： 除了上述方法外，还有另一种方法可以放置自定义绘制的元件。

添加自建的数据库，打开"双 12V 直流稳压电源.Sch"文件，在浏览窗口单击"Browse.Sch"图标，单击"Browse"选项卡中的"Library"栏左下方"Add/Remove"按钮，弹出数据库的选择、添加对话框，选择自建数据库所保存的目录，如图 7-27 所示，找到原先保存在桌面上的"双 12V 直流稳压电源.ddb"，双击它或选择后单击"Add"按钮，就会看到下面空白处添加进来一个"双 12V 直流稳压电源.ddb"文件，单击"OK"按钮，就会在"Library"栏下方看见所添加的数据库，单击"Library"栏下的"双 12V 直流稳压电源.Lib"选项，如图 7-28 所示，在"Filte"下就会出现VOLTREG_1 元件，也会在下面浏览到元件图形，直接单击其"Place"按钮就可以在元件放置区放置元件了。

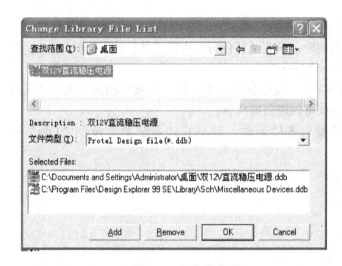

图 7-27　添加数据库

图 7-28　放置 VOLTREG_1 元件

在元件的放置过程中，如何改变元件放置方向呢？

在放置元件的过程中对已经放好的元件并按住鼠标左键，此时如果按下键盘上的〈Tab〉键，则可以使元件按照逆时针方向旋转 90°；如果按下键盘上的〈X〉键，则可以使元件左右翻转、对调，即以十字光标为轴作水平翻转；如果按下键盘上的〈Y〉键，则可以使元件上下翻转、对调，即以十字光标为轴作垂直翻转。

上述操作一定要在英文输入状态下，而且该方法同样适用于导线、端口、电源和接地符号等其他对象。

注意： 除了上述方法外，还有一种方法可以改变元件的放置方向。

在元件放置完成后，双击元件或右键单击元件选择"Properties 命令"，弹出"Part"对话框，如图 7-29 所示，打开"Graphical Attrs"选项卡，改变"Orientation"右侧的角度，可以旋转当前编辑的元器件。

在元件的放置过程中，如何移动、删除、对齐对象呢？

对于单个元件移动，即用鼠标对准所需要选中的对象，按住鼠标左键待所选元件出现

"十"字光标，并在元件周围出现虚框，直接拖动鼠标移动"十"字光标到元件需要位置。如果对于已经选取的对象，则其周围出现黄色方框，若有导线也变成黄色，选择命令"Edit"→"Move"或使用主工具栏中┼工具，直接将光标放在黄色方框上单击，拖动鼠标移动元件至需要的位置。

注意：除了上述方法外，还有一种方法就是双击元件或右键单击元件选择"Properties命令"，弹出"Part"对话框，如图7-29所示，打开"Graphical Attrs"选项卡，修改"X-Location"、"Y-Location"的参数，从而修改元件的位置坐标。对于多个元件一起移动，则首先要选中多个元件，直接使用主工具栏中的┼工具或选择命令"Edit"→"Move"→"Move Selection 移动选中部分"。

对于删除元件，就是对于点取的单个对象的删除，单击单个元件，出现整体虚线框，直接按键盘上的〈Delete〉键。

注意：除了上述方法外，还有两种方法删除元件。

● 对于选取的单个或多个元件的删除，只要是黄色方框内的元件，按〈Ctrl+Delete〉组合键或执行菜单命令"Edit"→"Clear"。

● 选择菜单命令"Edit"→"Delete"，鼠标变为十字光标，直接移动到需删除的元件上，单击就可删除。单击右键就可以退出该命令。

对于元件的对齐，先要选中需要对齐的元件，然后直接单击菜单命令"Edit"→"Align"，如图7-30所示。

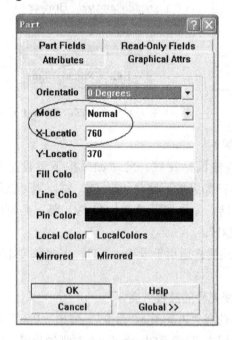

图7-29 旋转元器件

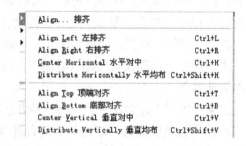

图7-30 对齐元件的菜单命令

经过一系列元件的选取、移动、翻转、对齐，摆好的双 12V 直流稳压电源电路元件如图7-31所示。

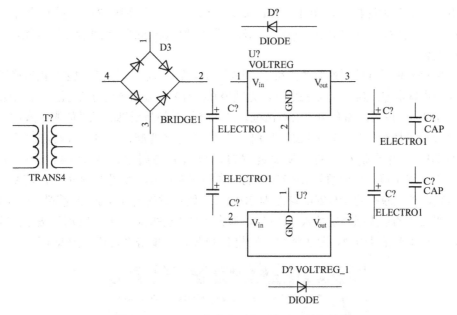

图 7-31 双 12V 直流稳压电源电路元件摆放图

（6）设置与修改元器件属性

按照表 7-1 所示的元件属性表对元器件逐一进行设置并修改元件属性。打开"Part"对话框的方法有以下 5 种：

在放置过程中有两种方法：一种是直接按〈Tab〉键，可以弹出如图 7-32 所示的对话框进行设置与修改；第二种是单击布线工具栏的放置元件图标 ⌐ 或选择命令"Place"→"Part"，弹出如图 7-33 所示的"Place Part"对话框，也可以进行属性设置。

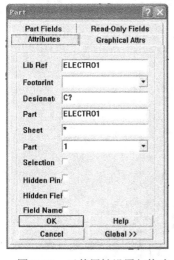

图 7-32　元件属性设置与修改

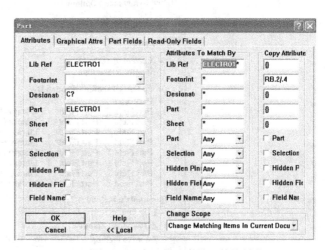

图 7-33　全局修改同种元件的封装

在元件放置完成后有三种方法：第一种是双击元件，弹出"Part"对话框；第二种是选择菜单命令"Edit"→"Change"，鼠标变为"十"字光标，单击该元件，弹出"Part"对话框；第三种方法是鼠标指针指着该元件，单击鼠标右键，选择 "Properties"。

打开"Part"对话框后，单击"Attributes"选项卡，出现图 7-32 所示的对话框，对"Designator"（元件标号）、"Part Type"（元件类型）、"Footprint"（元件封装）等属性依表 7-1 所示进行设置。

对于多个同种元件的属性修改，可以采取全局修改的方法，比如双 12V 直流稳压电源电路中有 4 个电解电容，封装都为 RB.2/.4，为减少修改时间，采用全局修改方法：单击如图 7-32 所示的"Global"按钮，图右边弹出对话框，左边竖栏全都是要修改元件的原有属性，右边栏全都是修改后的属性。在"Lib Ref"空白栏的"*"号（匹配符）前输入要修改的元件种类"ELECTRO1"，由于原元件的封装都是空白，修改后的属性是 RB.2/.4。于是在对应的"Footprint"前栏不填，后栏填入 RB.2/.4，而且去掉双大括号，如图 7-33 所示。若要修改元件原有的封装，如把原有的 RB.2/.4 修改为 RB.1/.2，则在对应的 Footprint 前栏"*"号前填入 RB.2/.4，在后栏的双大括号里填入 RB.1/.2，双大括号不能去掉。单击"OK"按钮，就会看到确认提示，有 4 个元件修改，是否继续，如图 7-34 所示，单击"Yes"按钮即可。

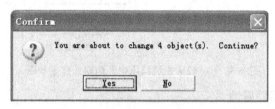

图 7-34　全局修改元件属性确认框

对于元件标号（Designator），可以选择菜单命令"Tools"→"Annotate"，在图 7-35 所示的对话框中对需要命名的元件进行选择，这里选择带问号的元器件"? Parts"，命名的顺序选"2"，单击"OK"按钮，生成命名文件，同时看见元件已被自动命名。

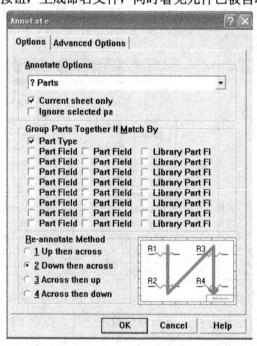

图 7-35　元件自动标号

（7）放置导线，连接元器件

单击"Wiring Tools"布线工具栏中的 ≈ 工具图标或选择菜单命令"Place"→"Wire"，此时光标变为"十"字形，在需要连线的起点位置单击并移动鼠标，就会出现一个随鼠标移动的预拉线，鼠标移动到连线终点，再次单击鼠标即可完成连线。单击右键或按〈Esc〉键可以退出放置导线。当导线两端不在同一水平或垂直线上时，在鼠标移动过程中，按〈Tab〉键可以改变导线走向。要设置与修改导向属性，当光标是"十"字形，系统处于预拉线状态时，直接按〈Tab〉键，弹出导线属性设置对话框，如图7-36所示，进行导线属性设置。

在导线的连接过程中，要注意电气节点的放置与取消。在电气节点的导线交叉位置要设置节点，方法是单击"Wiring Tools"布线工具栏中的 ￪ 工具图标或选择菜单命令"Place"→"Junction"。对于不该有的电气节点，就要取消。

（8）放置电源和注释

对于电源的放置，单击"Wiring Tools"布线工具栏中的 ￬ 工具图标或选择菜单命令"Place"→"Power Port"，光标变为"十"字形，其下带有一个电源符号，按键盘上的〈Tab〉键，弹出电源属性设置对话框，如图7-37所示，电源"Style"（类型）栏设置为"Power Ground"，"Net"网络名称栏设置为"GND"，单击"OK"按钮；同理，放置"Style"（类型）都为"Circle"圆形符号，"Net"（网络名称）栏分别设置为"+12V"和"-12V"的电源端口。

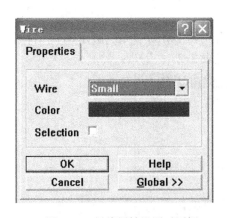

图7-36　导线属性设置对话框

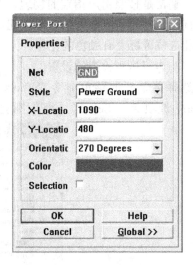

图7-37　电源属性设置对话框

对于变压器的主副线圈电压注释，可以选择菜单命令"Place"→"Annotation"或在"Drawing Tools"绘图工具栏单击 T 工具图标，光标变成带虚框的"十"字形，按键盘上的〈Tab〉键，弹出一个对话框，在"Text"栏输入"~220V"，放置在变压器的主线圈边；同理，在"Text"栏输入"~15V"，放置在变压器的副线圈边。

对所有元器件修改元件属性，并放置电源和注释，用导线连接好的电路图如图7-38所示。

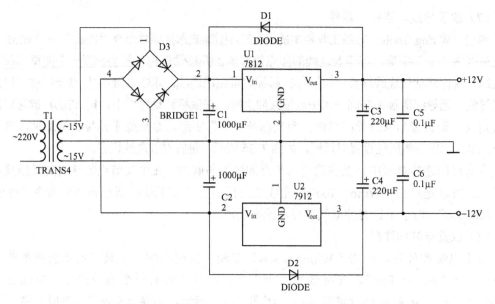

图 7-38 绘制的双 12V 直流稳压电源电路原理图

2. 原理图的电气规则检查

电气规则检查（Electronic Rules Checking，ERC）主要是对电路原理图的电学法则进行检查，通常是按照用户指定的物理、逻辑特性进行。电气规则检查主要目的就是找出人为的疏漏问题，在检查完成之后，系统还会自动生成各种有可能错误的报告，同时在电路原理图中的相应位置标上有颜色的记号。

（1）电气规则检查的设置

选择菜单栏的菜单命令"Tools"→"ERC"，弹出如图 7-39 所示的对话框，单击"Setup"选项卡，"Setup"电气规则检查选项含义见表 7-2。

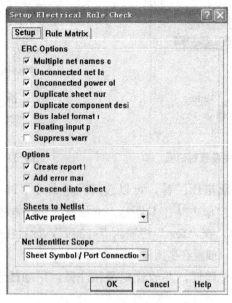

图 7-39 "ERC"电气规则检查选项对话框

158

表 7-2 "Setup" 电气规则检查选项含义列表

选 项 栏	子 项 选 项	中 文 含 义
ERC Options （设置电气规则检查的具体选项）	Multiple net names on net	同一网络被命名多个网络名称
	Unconnected net lables	未实际连接的网络标号
	Unconnected power objects	未实际连接的电源或元件
	Duplicate sheet numbers	电路图编号重号
	Duplicate component designators	元件编号重号
	Bus lable format errors	总线标号格式错误
	Floating input pin	输入引脚浮空
	Suppress warnings	忽略所有的错误检测，也不显示检查的错误报告
Options （设置检查结果要求选项）	Create report file	检查结束后自动生成报告文件
	Add error markers	检查结束后自动在原理图错误处添加红色标志
	Descend into sheet part	检查内容包含电路元件的内部结构
Sheets to Netlist （设置 ERC 检查的电路原理图的范围）	Active Sheet	当前激活的电路图
	Active Project	当前激活的项目
	Active Sheet Plus Sub	当前激活的电路图及下层电路
Net Identifier Scope （网络识别器范围）	Net Lables and Ports Global	网络标号及 I/O 端口在整个项目内的全部电路中有效
	Only Port Global	只有 I/O 端口在整个项目内有效
	Sheet Symbol/Port Connections	方块电路符号 I/O 端口相连接

绘制的双 12V 直流稳压电源电路原理图的 Setup 电气规则检查选项设置，按照图 7-39 所示内容进行设置。

单击图 7-39 所示的 "Rule Matrix"（电气规则检查矩阵）选项卡，出现如图 7-40 所示含有矩阵的对话框。

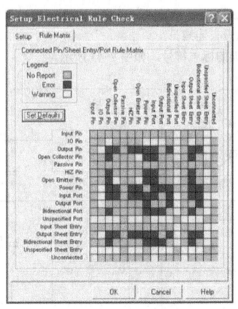

图 7-40　电气规则检查矩阵对话框

其中 "Connected Pin/sheet Entry/Port Rule Matrix" 表示有连接关系的端口、方块电路的 I/O 端口以及电路的 I/O 端口的矩阵规则。整个矩阵里有 3 种色块：绿色块表示电学连接关系正确（No#Report）；红色块表示电学连接关系错误（Error）；黄色块表示电学连接关系有时是正确的，有时是错误的（Warning）。利用纵、横内容的交点处的一个色块来反映这两项内容连接的正确性。

电气规则检查矩阵的具体内容可以自己进行设置，用鼠标每单击一次某个色块就会变化一次颜色。也可以单击"Set Defaults"（默认设置）按钮，则将按照系统默认的电气规则进行检查。

（2）电气规则检查

设置完电气规则后，单击"OK"按钮，就会退出对话框，并使系统自动生成相应的错误结果报告（双12V直流稳压电源.Sch），如图7-41所示。

```
Error Report For : Documents\双12V直流稳压电源.Sch    10-Mar-2013  22:01:41

End Report
```

图7-41　报告文件显示原理图没有问题

如果显示如图7-41所示界面，则电路原理图电气连接完好，没有错误。如果显示如图7-42所示的Error和Warning界面，则显示电路原理图电气连接有问题。

```
Error Report For : Documents\双12V直流稳压电源.Sch    10-Mar-2013  22:11:52

#1 Error   Duplicate Designators 双12V直流稳压电源.Sch C5 At (1050,442) And 双12V直流稳压电源.Sch C5 At (1050,501)
#2 Warning   Unconnected Power Object On Net +12V
   双12V直流稳压电源.Sch +12V

End Report
```

图7-42　报告文件显示原理图有问题的界面

其中"#1 Error Duplicate Designators 双12V直流稳压电源.Sch C5 At（1050，442）And 双12V直流稳压电源.Sch C5 At（1050，501）"表示双12V直流稳压电源的电路原理图中的坐标位置为（1050，442）和（1050，501）的两个元件都错误地重复命名为C5。

"#2 Warning Unconnected Power Object On Net +12V　双12V直流稳压电源.Sch +12V"表示警告网络名+12V电源没有连接。

再看电路原理图上错误的标志符号，如图7-43所示。

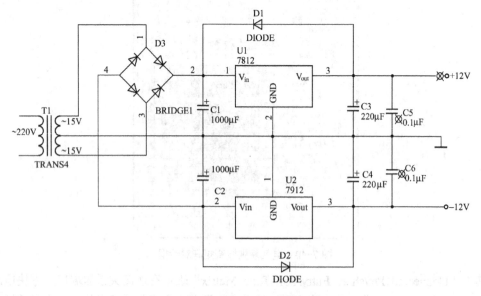

图7-43　电气规则检查后表示电路原理图上有错误的标志符号

3．网络表的生成与导出

（1）网络表的生成

在打开的"双 12V 直流稳压电源.Sch"文件的情况下，选择命令"Design"→"CreateNetlist"，弹出对话框，在"Output Format"输出格式栏选择"Protel"，即可生成"双 12V 直流稳压电源.Net"网络表文件。

（2）网络表的导出

单击主工具栏的目录结构管理器 下的浏览窗口"Explorer"，观看目录结构，找到要导出的"双 12V 直流稳压电源.Net"，在其图标上单击右键，选择"Export"命令，就可以导出到所需要的文件夹下。

4．元件清单的产生和原理图的导出

（1）元件清单的产生

1）打开"双 12V 直流稳压电源.Sch"原理图文件。

2）选择菜单命令"Report"→"Bill of Material"，选择"Sheet"（当前电路图的元件清单）或"Project"（整个项目的元件清单），单击"Next"按钮。

3）设置生成的元件清单包含的元件具体内容，一般默认为"Footprint"和"Description"，也可以自己选择是否需要，然后单击"Next"按钮。

4）设置元件清单的项目标题，包含元器件序号、标号及封装名称等，再单击"Next"按钮。

5）选择元器件列表的格式。提供了三种列表格式，这里选择"Client Spreadsheet"，生成的格式是".XLS"扩展名，单击"Next"按钮。

6）最后，单击"Finish"按钮，系统生成如图 7-44 所示列表文件。

双12V直流稳压电源.ddb | 双12V直流稳压电源.Sch | 双12V直流稳压电源.XLS

F11

	A	B	C	D	E	F
1	Part Type	Designator	Footprint	Description		
2	0.1uF	C6	RAD0.1	Capacitor		
3	0.1uF	C5	RAD0.1	Capacitor		
4	220uF	C3	RB.2/.4	Electrolytic Capacitor		
5	220uF	C4	RB.2/.4	Electrolytic Capacitor		
6	1000uF	C2	RB.2/.4	Electrolytic Capacitor		
7	1000uF	C1	RB.2/.4	Electrolytic Capacitor		
8	7812	U1	TO-220			
9	7912	U2	TO-220			
10	BRIDGE1	D3	D-44	Diode Bridge		
11	DIODE	D2	DIODE0.4	Diode		
12	DIODE	D1	DIODE0.4	Diode		
13	TRANS4	T1	TRF_EI30_2			

图 7-44　双 12V 直流稳压电源材料清单

（2）原理图的导出

1）直接全部导出

单击主工具栏的目录结构管理器 下的浏览窗口"Explorer"，查看目录结构，找到要导出的"双 12V 直流稳压电源.Sch"，在其图标上单击右键，选择"Export"命令，就可以导出到所需要的文件夹下。

2）间接部分导出

如果为了写作电路或电子产品设计与制作报告，需要将部分或全部电路图插入 Word 文字中间，有以下两种方法：

第一种方法是在打开的"双 12V 直流稳压电源.Sch"原理图文件中，选择菜单命令"Tools"→"Preferences"，弹出一个对话框，单击"Graphical Editing"选项卡，在"Options"复选框中把"Add Template to Clip"前的 "√"去掉，如图 7-45 所示，单击"OK"按钮。在原理图中选中需要复制的图形，然后选择菜单命令"Edit"→"Copy"，把变成"十"字形的光标移到选中的黄色区域，单击鼠标使"十"字形消失，记住在此界面上取消选中的图形。然后打开 Word 文档，进行粘贴。

第二种方法就是利用电脑的"画图"工具中转复制。首先在打开的"双 12V 直流稳压电源.Sch"原理图文件中进行图纸设置操作。在其原理图文件绘图区边框双击，或在绘图中间空白处单击右键，选择"Document Options"，也可以选择菜单命令"Design"→"Options"，或直接在英文拼写状态下的键盘上按快捷键〈D〉和〈O〉，就会弹出一个"Document Options"对话框，在"Sheet Options"下进行表格底板颜色设置，单击"Sheet"栏右边颜色，就会弹出一个"Choose Color"选择颜色对话框，选择数字"233"，如图 7-46 所示，单击"OK"按钮；然后去掉表格网格线，即把"Document Options"对话框中的"Grids"下的"Visible"前的 "√"去掉，如图 7-47 所示。接着就是全屏复制，按一下键盘上的〈Prt Sc SysRq〉键，选择命令"开始"→"所有程序"→"附件"→"画图"，于是打开"画图工具"界面，选择命令"编辑"→"粘贴"，于是全屏复制粘贴到了画图文件里，然后选择需要的图形在画图界面里进行复制，在打开的 Word 文档里进行粘贴。

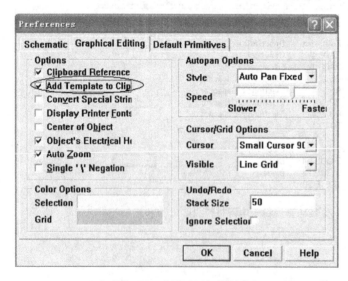

图 7-45 去掉"添加模板夹"

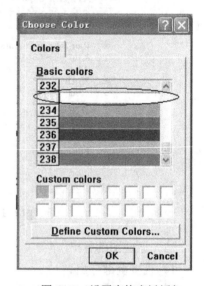

图 7-46 设置表格底板颜色

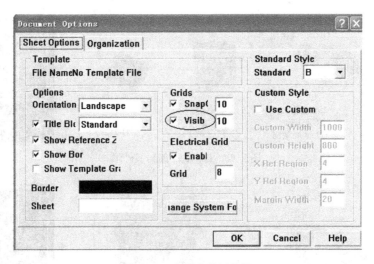

图 7-47　去掉表格网格线

7.2　直流稳压电源的单面 PCB 制作

7.2.1　任务描述

利用 Protel 99SE 软件，根据 7.1 节任务中绘制出来的电路原理图完成直流稳压电源的单面 PCB 图。通过特殊元件封装认识与元件封装库的加载、网络表加载、特殊元件封装引脚处理、单面板元件布局以及自动布线等过程，完成 PCB 图，并进行 PCB 报表生成与 PCB 图的打印输出。最后进行制板、安装及调试。

7.2.2　学习目标

1．能正确进行网络表的生成与加载。
2．会正确进行一些特殊封装元件与原理图元件中引脚不一致的情况处理。
3．能初步进行元件布局与布线的设置。

7.2.3　技能训练

1．特殊元件封装认识与元件封装库的加载

单击主工具栏的目录结构管理器 下的浏览窗口 "Explorer"，查看目录结构，单击 "双 12V 直流稳压电源.ddb" 下的 "documents"，选择命令 "File" → "New"，在弹出的对话框中选择 "PCB documents"，单击 "OK" 按钮，生成的文件命名为 "双 12V 直流稳压电源.PCB"。双击此图标，进入 PCB 设计界面。

首先，认识三端稳压块元件，虽然该元件只有三个引出端，但封装形式有多种，比如 TO-220、SOT223、TO-252 等，LM7812 和 LM7912 其封装外形如图 7-48、图 7-49 所示，它们的插入式封装都是 TO-220；若 LM7812 选 SMC 器件，则贴片封装是 D-PAK（TO-252）。

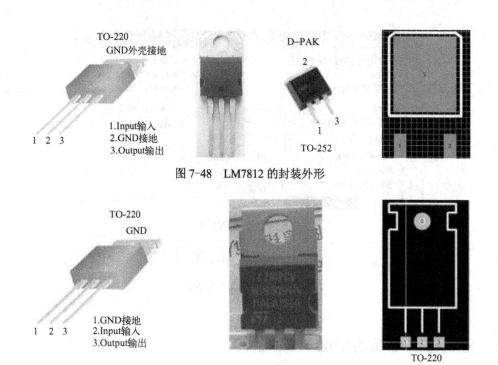

图 7-48 LM7812 的封装外形

图 7-49 LM7912 的封装外形

由于本项目采用的元件封装是插入式封装 TO-220，单击主工具栏的目录结构管理器 下的浏览窗口中的"Browse PCB"按钮，选择 Browse 下的"Libraries"选项，查看是否有系统默认的元件封装库"PCB Footprints.lib"，如果没有该封装库，可以按照添加元件库的方法进行添加元件封装库：在"Libraries"下单击"Add/Remove"按钮，在弹出的对话框中选择地址目录，其为安装该系统盘的"Program Files/Design Explorer 99SE/Library/Pcb/Generic Footprints/Advpcb"，如图 7-50 所示。

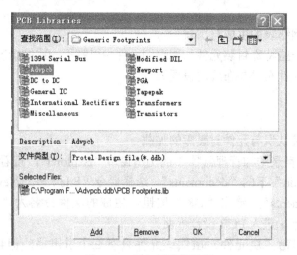

图 7-50 添加元件封装库

若观察到已有该元件封装库"PCB Footprints.lib"，则单击选中它，在器件"Components"栏寻找并单击 TO-220 元件，观看其元件外形是否为卧式。

下一步，认识整流桥堆的元件封装，其封装外形有 D-37、D-44 或 D-46，如图 7-51、图 7-52 所示。

图 7-51　排桥（封装 D-37 或 D-44）的封装外形

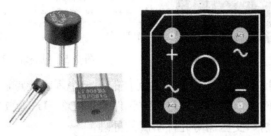

图 7-52　圆桥或方桥（封装 D-46）的封装外形

由于本项目选用的器件是排桥，封装是 D-44，在系统默认的元件封装库"PCB Footprints.lib"里无法看到该元件封装，同理按照上述方法进行添加元件封装库，其目录地址是"Program Files/Design Explorer 99SE/Library/Pcb/Generic Footprints/International Rectifiers"，添加进来后，单击"International Rectifiers.lib"图标，在器件"Components"栏寻找并单击 D-44、D-37、D-46 等元件，观看其元件外形。同时，在该元件库里还可以观察到 LM7812 的 SMC 器件的贴片封装 TO-252AA 图形，也可以看到 LM7812、LM7912 的穿孔式封装形式 TO-220 图形为立式，而 PCB Footprints.lib 元件封装库里的 TO-220 图形为卧式，两者形式不一样。

第三，认识变压器的元件封装。关于变压器的封装，其形式很多，需要根据其具体形式选择适当的封装或自制封装。本项目选用的是 ±15V 双输出的变压器，其封装采用 TRF_EI30_2，如图 7-53 所示，元件封装库在 Transformers.lib 文件中，同理按照上述方法进行添加元件封装库，其目录地址是"Program Files/Design Explorer 99SE/Library/Pcb/Generic Footprints/Transformers"。

2．网络表加载

（1）网络表加载时的错误报告分析

在 mechanical1 层（4 层）规划 PCB 尺寸大小为 4000mil×1700mil，在禁止布线层"keepOutLayer"规划布线区域，选择命令"Design"→"Net list"，在弹出的对话框中单击"Browse"按钮，再单击"双 12V 直流稳压电源.ddb"下的"Documents"前的"+"按钮，选择"双 12V 直流稳压电源.NET"并双击该文件或单击"OK"按钮，出现如图 7-54 所示界面，该报告中显示加载过程中有 10 处错误。这些错误是怎样造成的呢？在该界面拉动下拉滑条，可以看到这 10 个如下错误的原因提示：

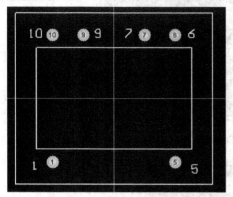

图 7-53 变压器 TRF_EI30_2 封装图

图 7-54 加载网络表时的报告界面

"Node Not Found In Library"即找不到元件的某一个焊盘接点，原因是元件封装正确，仅是个别焊盘引脚不对应，该项目主要是针对元件 D1、D2、D3 及 T1。

（2）二极管、整流桥、变压器等元件引脚的处理

1）二极管引脚的处理

由于出现二极管 D1、D2 的"Node Not Found In Library"报告，表示二极管 D1、D2 的 PCB 图中元件焊盘号和原理图中的元件引脚号不一致。在原理图中，单击二极管 D1 图标，出现虚框时右键单击，选择"Properties"，在弹出的对话框里选择 Hidden Pin（打"√"），出现二极管的元件引脚号 1 和 2；而在 PCB 图中，在"PCB Footprints.lib"下找到二极管的封装 DIODE0.4，单击其下的"Edit"，出现二极管元件焊盘引脚号 A 和 K，如图 7-55 所示。显然，二极管的元件库引脚 1 和 2 与 PCB 库中 A 和 K 两者对应不起来，其解决办法有以下 3 种：

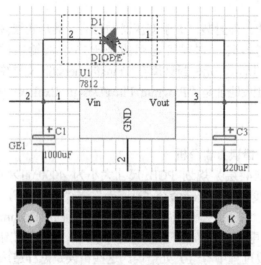

图 7-55 二极管的元件库引脚与 PCB 库焊盘引脚

① 回到原理图中，在浏览窗口找到"Miscellaneous Devices.lib"下的二极管 DIODE 图形，点击"Edit"按钮，进入到二极管引脚编辑状态，选择左边浏览窗口的"Hidden Pin"（打"√"），出现如图 7-56 所示图形，注意二极管在 PCB 中与原理图中的正负极一致性，于是分别双击图 7-56 中的 1 和 2 引脚，在弹出的框中修改"number"栏分别为"A"和"K"，分别单击"OK"按钮，然后单击左边浏览窗口的"Update Schematics"按钮更新原理图，再回到原理图，进行观察，如图 7-57 所示，最后重新生成网络表。

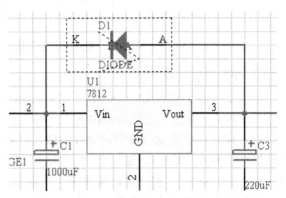

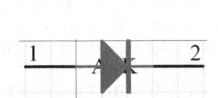

图 7-56 二极管引脚编辑状态　　　　　图 7-57 修改二极管引脚后的原理图更新

② 在 PCB 图中修改二极管封装（DIODE0.4），可以对 PCB 界面中的二极管封装引脚进行编辑与修改。打开"双 12V 直流稳压电源.PCB"，单击左边浏览窗口 libraries 下的"PCB Footprints.lib"，在"Components"栏选择 DIODE0.4，单击"Edit"按钮进行编辑与修改。根据原理图的 1 是正极，2 负极的原则，双击 A 焊盘，将弹出对话框中"Designator"栏的 "A"改为"1"，同理，双击 K 焊盘，把"K"修改为"2"。

③ 在网络表中修改。打开"双 12V 直流稳压电源.NET"，把 D1-1、D7-2、D1-2、D7-1 分别改为 D1-A、D7-K、D1-K、D7-A，注意将改正后的网络表重新保存一下，即单击工具栏的🖫按钮，在 PCB 文件中重新加载网络表。

按照上述其中一种方法修改后，重新加载网络表时，可看到错误减少至 6 个了。

2）整流桥引脚的处理

出现整流桥 D3 的"Node Not Found In Library"报告，表示整流桥 D3 的 PCB 图中元件焊盘号和原理图中的元件引脚号不一致。同理，用上述二极管引脚的处理方法可以看到如图 7-58 所示的整流桥元件库引脚 1、2、3、4 与 PCB 库中"+"、"AC1"、"AC2"、"-"两者对应不起来。第一种方法就是在原理图中将元件库中该元件编辑器打开，将原理图中该元件的引脚分别改为 PCB 库中焊盘引脚号，即把引脚 1 改为"AC1"、引脚 2 改为"+"，然后单击左边浏览窗口的"Update Schematics"按钮更新原理图，再回到原理图，重新生成网络表。第二种方法就是在 PCB 中修改元件封装，直接在 PCB 界面上的元件封装进行编辑，把"+"改为引脚 2，"AC1"改为引脚 1、"AC2"改为引脚 3、"-"改为引脚 4。第三种修改就是在网络表中，把 D3-1、D3-2、D3-3、D3-4 分别修改为 D3-AC1、D3-+、D3-AC2、D3--，然后单击"保存"按钮。按照上述其中一种方法修改后，重新加载网络表时，可看到错误减少至 2 个了。

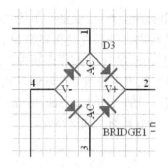
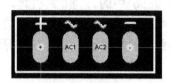

图 7-58　整流桥的元件库引脚与 PCB 库焊盘引脚

3）变压器引脚的处理

出现变压器 T1 "Node Not Found In Library" 的 2 个错误报告，表示变压器 T1 的 PCB 图中元件焊盘号和原理图中的元件引脚号不一致。同理，用上述修改元件引脚的处理方法之一，就在原理图中将元件库中该元件编辑器打开，将原理图中该元件的引脚分别改为 PCB 库中焊盘引脚号，即把 4 改为 5、2 改为 6、3 改为 7、5 改 10，然后单击左边浏览窗口的 "Update Schematics" 按钮更新原理图，再回到原理图，重新生成网络表。其余方法不再赘述。重新加载网络表时，就可以看到没有错误了。

3. 元件布局

元件布局就是在 PCB 上放置元器件，PCB 图上导入网络表，执行菜单命令 "Design" → "Netlist"（中文版）或 "Design" → "Load Nets"（英文版）后，就会看到一堆元器件全叠加在一起，各引脚之间还有飞线连接提示。由于从网络表中加载的元器件都叠加在一起，需要将它们分开，把元器件铺设到合适的位置上的过程就是元件的布局。

（1）设置自动布局参数

执行菜单命令 "Design" → "Rules"，选择 "Placement" 选项卡，设置自动布局参数，如图 7-59 所示。

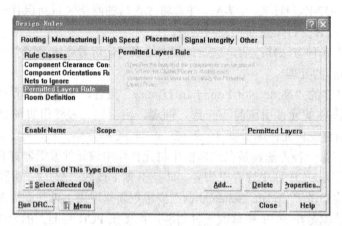

图 7-59　自动布局参数设置

其中元件自动布局规则如下：

1）Component Clearance Constraint：元件间距临界值，主要用来设置元件之间的最小间距。

2）Component Orientation Ruler：元件放置角度，主要用来设置元件的放置角度。

3）Nets to Ignore：网络忽略，设置在利用 Cluster Place 方式进行自动布局时，应该忽略哪些网络走线造成的影响，这样可以提高自动布局的速度与质量，一般会将接地和电源网络忽略掉。

4）Permitted Layers Rule：允许元件放置层，用来设置允许元件放置的电路板层。

5）Room Definition：定义房间，用来设置定义房间的规则。

在该项目中，只设置元件放置层，即"Permitted Layers Rule"项，双击"Permitted Layers Rule"图标，系统会弹出图 7-60 所示的对话框，这里只选中"Top Layer"。

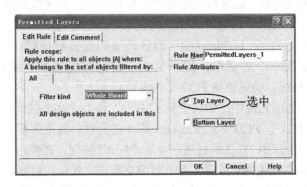

图 7-60　元件放置顶层设置

（2）元件自动布局

元件布局分手动布局和自动布局。在元件的布局过程中，一般先自动布局，然后手动调整。

首先，选择菜单命令"Tools"→"Auto Placement"→"Autoplace Preference"，系统弹出自动布局参数设置对话框，如图 7-61 所示，其中：

1）Cluster Placeration：组布局方式。这种自动布局方式根据连接关系将元器件划分成组，然后按照几何关系放置元器件组。该方式一般在元器件较少（少于 100）的电路中使用。

2）Statistical Placer：统计布局方式。如图 7-62 所示，这种自动布局方式使用统计算法，遵循连线最短原则放置元器件。当元器件数大于 100 时就采用此种布局方式。选中此布局方式时，出现一些参数如下：

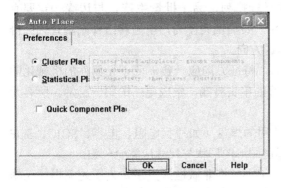

图 7-61　自动布局参数设置对话框

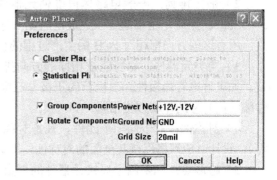

图 7-62　统计布局方式对话框

① Group Components：元件群组，将当前网络中连接密切的元器件合为一组，布局时作为一个整体来考虑。如果电路板面积不大，建议不选择该项。

② Rotate Components：旋转元器件，根据布局的需要旋转元器件。选择该项时，元器件的方向会根据布局的需要而旋转。

③ Power Nets：电源网络，输入到该空白处的电源网络名称，如图 7-61 中的 +12V、-12V，布局时不被列为考虑的范围。

④ Ground Nets：接地网络，在此输入接地网络名称，如图 7-61 中的 GND，在布局时不被列为考虑的范围内。

⑤ Grid Size：栅格间距，设置自动布局时的栅格间距，系统默认是 20mil。

单击图 7-61 中的"OK"按钮时，系统将生成一个临时布局窗口（Place.Plc 文件），同时弹出一个标有"Auto-Place is Finished"的自动布局完成对话框，在该对话框中再单击"OK"按钮，将会出现一个对话框，提示是否将自动布局结果更新到 PCB 中去。单击"Yes"按钮，更新后系统自动返回到 PCB 文件窗口。

自动散开的各个 PCB 元件中，如果看见 LM7812 和 LM7912 的元件封装 TO-220 是卧式穿孔的元件，则系统默认是 PCB Footprints.lib 库中的元件，如果需要立式穿孔元件，则选择 International Rectifiers.lib 库中 TO-220 封装，单击"Edit"按钮，在弹出的界面里，单击左边的更新 PCB"UpdatePCB"按钮即可把卧式穿孔封装更换成立式穿孔封装。同理，反之亦然。

注意：如果安装的软件是英文版，加载网络表后，在自动布局时如果所有元器件堆在一起，也可以直接选择菜单命令"Tools"→"Auto Placement"→"Set Shove Depth"。在弹出的对话框中输入 1～1000 中任意一个数字，比如"5"，单击"OK"按钮。然后再次直接选择命令"Tools"→"Auto Placement"→"Shove"。光标变为"十"字形，移动鼠标到元器件上单击，弹出许多元件的提示字母行，任意选中一行单击，就会看到堆到一起的元器件自动散开。

（3）手动调整元件布局

布局最重要的原则之一就是要保证布线的布通率，移动元器件时要注意网络线的连接，把有网络关系的器件放在一起，而且能大致做到互连最短（就近原则），要注意如果两个元器件有多个网络线的连接时要通过旋转来使网络线的交叉最少，而且要符合信号流原则。如果是用于机械化的批量生产，还需要遵循以下一些原则：

1）均匀分布：PCB 元器件分布尽可能均匀，大质量元件必须分散。

2）平行排列：一般电路尽可能使元器件平行排列，易于批量生产。与边缘一定要有 3～5mm 的距离。稍小的一些集成电路如（SOP）要沿轴向排列，电阻容组件则垂直轴向排列，所有这些方向都相对 PCB 的生产过程的传送方向。

3）同类元器件：尽可能按相同的方向排列，特征方向应一致，便于元器件的机械化贴装。如电解电容器极性、二极管的正极、三极管的单引脚端、集成电路的第一脚等。所有元件编（位）号的印刷方位相同。

4）对称性：对于同一个元件，凡是对称使用的焊盘（如片状电阻、电容、SOIC、SOP等），设计时应严格保持其全面的对称性，即焊盘图形的形状与尺寸应完全一致。

5）检测点：凡是用于焊接元器件的焊盘，绝不允许兼做检测点用，为了避免损坏元器件，必须另外设计专用的检测焊盘，以保证焊接检测和生产调试的正常进行。

6）多引脚：元器件（如 SOIC、QFP 等）引脚焊盘之间的短接处不允许直通，应由焊盘加引出互连线之后再短接，以免产生桥接。

7）基准标志：为了确保贴装精度，印制板上应设计有基准标志，基准标志位于其对角处。最好采用非永久性阻焊膜涂敷在标志上。

8）图形标记：焊盘内不允许印有字符和图形标记．标志符号与焊盘边缘的距离应大于0.5mm。

9）元件布局：要满足再流焊、波峰焊的工艺要求以及间距要求。

10）功能单元：确定功能单元电路的位置，数字、模拟器件分开，尽量远离。

11）留边距：留出固定电路板螺钉孔的位置，元器件距离电路板板边距离一般不少于2mm。但对于机插元件的分布，在 PCB 传板方向上、下边距边缘 5mm 内不应有元件。

12）易调节：需要调节的元器件，如电位器、可变电容、可调电感等要安放在容易调节的位置。

13）易散热：发热元件要布置在靠近外壳或通风良好的地方，必要时需固定在散热片上或机箱上以便散热，禁止固定在印制板上。热敏元件要远离发热源。

手工布局操作时，用鼠标单击某个元件直接拖动元件到适当的位置。拖动时，飞线（元件之间连接的细线）也随元件一起动，飞线表示元器件之间的电气连接关系（与原理图中元件连接关系一致）。

4．单面电路板自动布线

（1）布线规则

最短走线原则：线越短电阻越小，干扰越小，因此元件之间的走线必须最短。

导线的最小宽度：主要由导线与绝缘基板间的粘附强度和流过它们的电流值决定。当铜箔厚度为 0.5mm，宽度为 1～15mm 时，通过 2A 的电流，导线宽度为 1.5mm。对于数字集成电路，选 0.02～0.3mm 导线宽度，间距小于 5～8mil。

走线方式：同一层上的信号线改变方向时，应走斜线，拐角处尽量避免锐角，一般取圆弧形，尽量避免使用大面积铜箔，必须用大面积铜箔时，最好用栅格状。

多层板：每个层的信号线走线方向与相邻板层的走线方向要不同。多层板走线要求相邻两层线条尽量垂直、走斜线、交叉布线及曲线。

输入输出端用的导线：应尽量避免相邻平行，避免在窄间距元件焊盘之间穿越导线，确实需要的应采用阻焊膜对其加以覆盖。

差分信号线：应该成对地走线，尽量使它们平行、靠近一些，并且长短相差不大。

高频信号：高频要注意屏蔽，在布线结构设计上进行变化。高频信号多采用多层板，电源层、地线层和信号层分开，用地线做屏蔽，信号线在外层，电源层和地层在里层。

地线宽度＞电源线宽度＞信号线宽度：通常电源线宽度为 1.2～1.5mm，公共地线大于2～3mm 的线宽。

（2）设置自动布线规则

选择命令"Design"→"Rules"，弹出一个对话框，单击"Routing"按钮，其中"Rule Classes"栏下有许多布线规则，本项目中只设置"Routing Layers"布线层、"Width Constraint"布线宽度。

1）单面电路板的设置。在"Rule Classes"列表栏中选择"Routing Layers"，如图 7-63 所示。

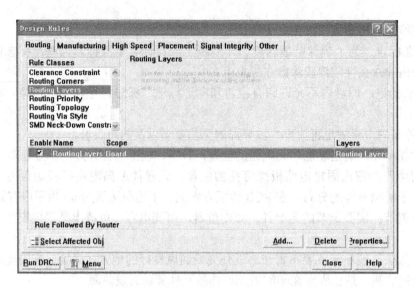

图 7-63　选择 Routing Layers 布线层规则

设置布线的工作层以及在该层上的布线方向，在图 7-63 中单击"Properties"按钮，弹出图 7-64 所示的对话框。该项目设置为单面电路板，单面板设置如下。

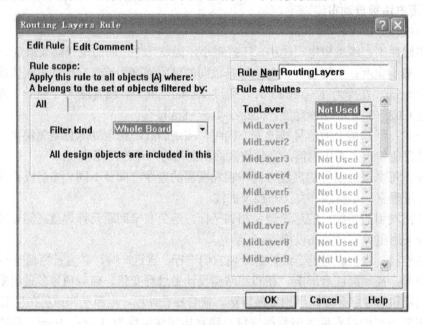

图 7-64　单面板设置对话框

① Top Layer（顶层）：选填 Not Used （不用）。

② Bottom Layer（底层）：选填 Any （任意）。

设置完后单击"OK"按钮，单面板设置完毕。

2）布线宽度设置。在"Rule Classes"列表栏中选择"Width Constraint"，如图 7-65 所示。单击"Properties"按钮，弹出图 7-66 所示对话框。

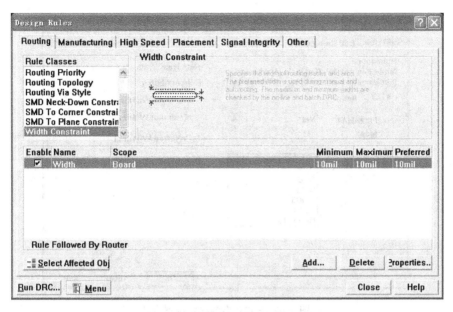

图 7-65　线宽选择对话框

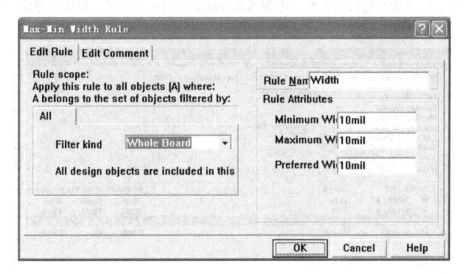

图 7-66　线宽设置对话框

① Minimum Width：最小值，一般情况下，最小值不变。这里可以设置为 20mil。

② Maximum Width：最大值，这里设置为 40mil。

③ Preferred Width：优先首选项，这里设置为 20mil。

这样就设置好了信号线宽度。如果要设置电源和地线，还要采取下述方法：

电源和地线的设置方法与设置布线中的铜膜走线线宽方法基本一样，单击图 7-64 中的"Add"添加按钮，弹出如图 7-67 所示的对话框，单击左侧的"Filter kind"下拉列表框，选择"Net"选项，在"Net"选项下面的下拉列表框中选择要设置的网络名称，如+12V，将其线宽设置为 40mil，同理，将-12V 线宽设置为 40mil，GND 设置为 50mil。

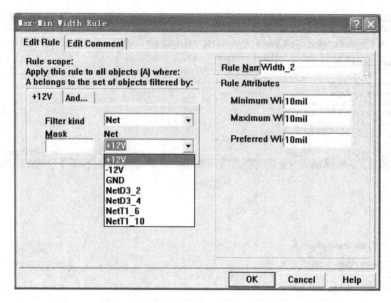

图 7-67   +12V 电源线宽设置方法

按照上述方法设置的信号线、电源线和地线如图 7-68 所示，整体设置完毕后单击"Close"按钮即可。

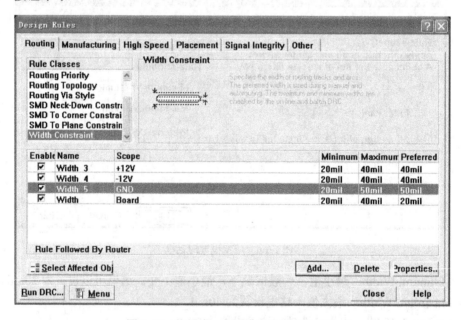

图 7-68   信号线、电源线和地线线宽设置

（3）自动布线

1）选择菜单命令"Auto Route"→"All"，系统弹出如图 7-69 所示的自动布线对话框。

2）单击"Route All"按钮，布线完毕，系统弹出显示布线结果对话框，如图 7-70 所示。

3）单击"OK"按钮完成。

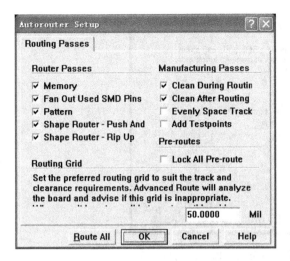

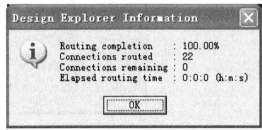

图 7-69　自动布线对话框　　　　　　　　　　图 7-70　显示布线结果对话框

5. PCB 报表生成与 PCB 图的打印输出

（1）PCB 报表生成

PCB 报表文件可以用来整理一个电路或一个项目中的文件，形成一个元件列表，提供给用户查询使用。

1）引脚信息报表。打开 PCB 编辑器，全选已经画好的印制电路板图，选择菜单命令"Reports"→"Selected Pins"，弹出如图 7-70 所示对话框。

在图 7-71 所示对话框中单击"OK"按钮，会自动生成相应的".DMP"文件，并切换到文本编辑窗口，如图 7-72 所示，文件内容即为引脚信息。

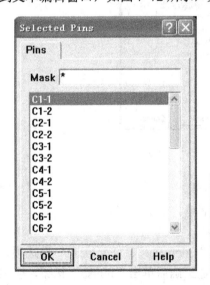

图 7-71　选择引脚对话框　　　　　　　　　图 7-72　元件引脚信息

2）元件列表。选择菜单命令"Reports"→"Bill of Material"，弹出一个 BOM 对话框，单击"Next"按钮进入下一步，在对话框中选择 BOM 类型，即可以选择元件列表方式，如图 7-73 所示。

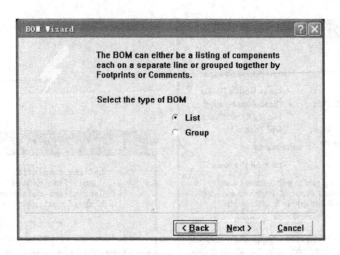

图 7-73 选择元件列表方式

List：将当前电路板上的所有元件列出，每一个元件占用一行，按照顺序向下排列。

Group：将当前电路板中的元件按照某种属性划分为若干组，每组占用一行。例如将封装相同的元件划分为一组。

系统自动默认 List 选项，单击"Next"按钮，进行分类选择，如图 7-74 所示，其中

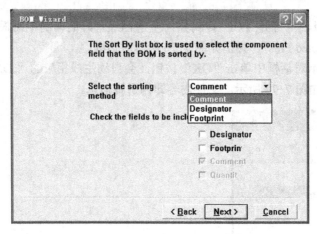

图 7-74 选择分类

Comment：报表以元件的注释为主线，列出元件的清单。

Designator：报表以元件的序号为主线，列出元件的清单。

Footprint：报表以元件的封装为主线，列出元件的清单。

本项目在下拉菜单中选择"Designator"，然后选中"Comment"、"Footprint"等选项，单击"Next"按钮继续进入下一步，检查完成，确定设定正确后单击"Finish"按钮，生成 Bom 文件，如图 7-75 所示。

3）文件层次分析表。该报表对数据库".ddb"内"Documents"文件夹中的所有文件进行统计，形成数据信息。选择菜单命令"Reports"→"Design Hierarchy"，在"Documents"文件夹外产生一个".rep"文件，并同时启动文本编辑器打开该 rep 文件，如图 7-76 所示。

Designators	Comment	Footprint
C1	1000uF	RB.2/.4
C2	1000uF	RB.2/.4
C3	220uF	RB.2/.4
C4	220uF	RB.2/.4
C5	0.1uF	RAD0.1
C6	0.1uF	RAD0.1
D1	DIODE	DIODE0.4
D2	DIODE	DIODE0.4
D3	BRIDGE1	D-44
T1	TRANS4	TRF_EI30_2
U1	7812	TO-220
U2	7912	TO-220

图 7-75　生成材料清单的 Bom 文件

```
Documents
    双12V直流稳压电源.PCB
    双12V直流稳压电源.Lib
    双12V直流稳压电源.NET
    双12V直流稳压电源.Sch
    双12V直流稳压电源.XLS
    双12V直流稳压电源.DMP
    双12V直流稳压电源.Bom
```

图 7-76　文件层次分析表

4）网络分析报表。该表主要是为了提供当前电路板上所有网络名称、所处的工作层面以及网络的走线长度。选择菜单命令"Reports"→"Netlist Status"，在"Documents"文件夹内产生一个".rep"文件。

5）信号分析报表。该表主要提供当前电路板信号的完整信息，程序将模拟实际电路，最后得出电路的信号传递是否可靠。选择菜单命令"Reports"→"Signal Integrity"，在"Documents"文件夹内产生一个".sig"文件。

6）钻孔文件的生成。该文件主要是提供当前电路板需要钻孔的有关参数。选择菜单命令"Reports"→"NC Drill"，在"Documents"文件夹内产生一个".sig"文件，生成的钻孔文件如图 7-77 所示。

```
NC Drill File Report For : Documents\双12V直流稳压电源.PCB   16-Apr-2013   09:58:13


Layer Pair  : TopLayer to BottomLayer
ASCII File  : E:\周南权\编书\电子线路CAD\双12V直流稳压电源.ddb - Documents\TopLayer - BottomLayer Drill File.TXT
EIA File    : E:\周南权\编书\电子线路CAD\双12V直流稳压电源.ddb - Documents\TopLayer - BottomLayer Drill File.DRR

Tool        Hole Size           Hole Count Plated      Tool Travel

T1          28mil (0.70 mm)         12               6.26 Inch (159.00 mm)
T2          40mil (1.00 mm)          8               7.38 Inch (187.45 mm)
T3          42mil (1.05 mm)         12               7.82 Inch (198.70 mm)

Totals                              32              21.46 Inch (545.15 mm)

Total Processing Time : 00:00:00
```

图 7-77　生成的钻孔文件

（2）PCB 图的打印输出

1）执行菜单命令"File"→"Printer"→"Preview"，系统会生成文件。

2）执行菜单命令"File"→"Setup Printer"，系统会弹出对话框，用于选择打印机名称、需要打印的文件名等。

3）单击打印机属性"Properties"按钮，在出现的对话框中进行打印方向和打印纸的尺寸设置，设置完成后，单击"OK"按钮完成打印设置操作。

4）设置完后，执行菜单命令"File"→"Print"进行打印输出。

6．电路板的加工焊接与调试

（1）电装工艺

本项目中双 12V 直流稳压电源单面 PCB 电装操作如下：

1）二极管采用轴向安装（卧式安装），注意其正、负极不要接错，并紧贴 PCB。

2）电容采取径向安装（直立式安装），底面离 PCB 距离不大于 4mm。

3）集成稳压块 LM7812、LM7912 需悬空安装，应与 PCB 保持 3～8mm 距离，要注意它们的引脚不要接错，给它们安装散热片时注意涂硅胶，拧紧螺钉。

4）焊点光亮、焊料适量；无虚焊、漏焊；无搭接、溅焊；无铜箔脱落；剪角留头在焊面以上 0.5~1mm。

5）装配整齐；连接变压器与接插件的导线剥头长度适当；导线绝缘层无烫伤；电源线接头不外露；紧固件装配牢固。

（2）检测与调试

1）按照装配图检查元器件安装是否正确。

2）通电前要特别注意电源部分是否正确，AC 220V 接线是否安全。

3）调试时先分级调试，再联级调试，最后进行整机调试与性能指标的测试。通电前用万用表测试是否有断路和短路情况，共地点是否可靠共地，二极管、电容、稳压块在焊接过程中是否有损坏等；排出问题后通电，观察各元件的发热情况是否正常，如遇元件发热过快、冒烟、打火花等异常情况，应立即断电检查，排出故障。用万用表测试稳压块各引脚的电压值是否正常。

4）用万用表粗略测试输出电压是否达标。

7.3　实验要求

1）在查找 BRIDGE 元件中，出现两个元件库，选择第二个元件库，放置 BRIDGE 元件，找到桥整的元件名称是 18DB05，并添加该元件所在的库 Sim.ddb，浏览 DIODE.lib 二极管库各元件图形。

2）先画出如图 7-78 所示的直流稳压电路图，原理图相关设置可根据原理图的大小和显示等需要自行设置。其中图中有许多元件带有问号，没有标注序号。请利用本章中图 7-35 所示的方法对带问号的元件统一进行元件标号。

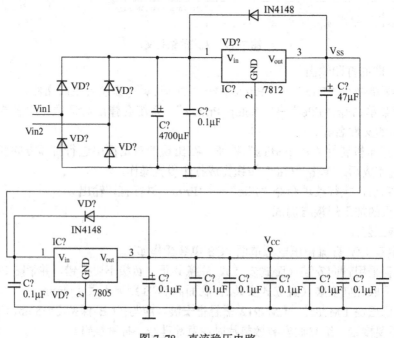

图 7-78　直流稳压电路

3）请画出如图 7-79 所示的光耦放大电路图，并设计出对应的 PCB 图。原理图及 PCB 图相关设置可按原理图及 PCB 图的大小和显示等需要自行设置。

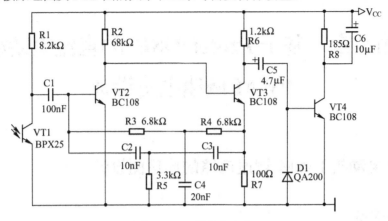

图 7-79　光耦放大电路

7.4　思考题

1. 如何新建一个 PCB 文件？怎样打开、保存和关闭一个 PCB 文件？
2. 怎样打开和关闭放置工具栏？
3. 如何设置工作层的颜色？
4. 怎样设置光标形状？如何改变公、英制单位制？如果要求显示焊盘号，应如何设置？
5. 如何添加中间信号层和内部板层？如果想调整工作层的位置则应如何操作？
6. 如何装入 PCB 库文件？

第8章 基于 Protel 99SE 的直流电动机 PWM 调速电路设计

8.1 直流电动机 PWM 调速电路的原理图设计

8.1.1 任务描述

随着我国经济和文化事业的发展，在很多领域都要求有直流电动机 PWM 调速系统来进行调速，诸如汽车行业中的各种风扇、刮水器、喷水泵、熄火器、反视镜，酒店行业中的自动门、自动门锁、自动窗帘、自动给水系统、柔巾机，军工行业中的导弹、火炮、人造卫星、宇宙飞船、舰艇、飞机、坦克、火箭、雷达、战车等方面都涉及 PWM 调速技术。由于直流具有优良的调速特性，调速平滑、方便，调速范围广，过载能力强，能承受频繁的冲击负载，可实现频繁的无极快速起动、制动和反转，可满足生产过程自动化系统各种不同的特殊要求。因此，随着科技的进步，直流电动机得到了越来越广泛的应用。

本项目中的任务主要利用软件 Protel 99SE 完成直流电动机 PWM 调速电路的原理图绘制，由于本电路原理图较复杂，所以分功能板块，用层次原理图表示，如图 8-1 所示为采用自顶向下的设计方法绘制层次原理图，整个电路分为 PWM 信号产生电路、传感器电路、直流电动机驱动电路、按键控制电路四个模块，其中 PWM 信号产生电路是含总线结构的电路。通过本任务的学习使大家对总线结构原理图以及层次原理图的绘制有个初步认识，为今后学习其他类似项目打下基础，学完本任务，要求能绘制出如图 8-1 所示的层次原理图以及如图 8-2 所示含总线结构的 PWM 信号产生电路。

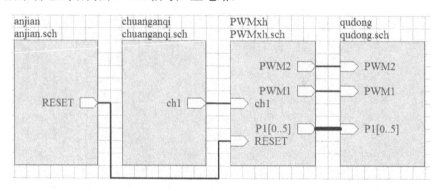

图 8-1　层次原理图

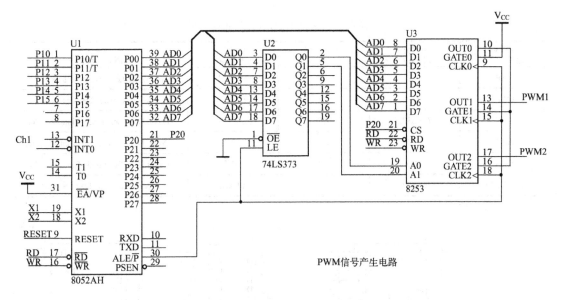

图 8-2　含总线结构的 PWM 信号产生电路

8.1.2　学习目标

1. 学会层次原理图中各模块的子原理图及其端口的绘制。
2. 重点掌握层次式电路原理图的设计方法。
3. 学会复合式元件的原理图绘制。

8.1.3　技能训练

1. 复合式元件和总线结构的原理图绘制

（1）总线结构的原理图绘制

1）建立库文件。直流电动机 PWM 调速电路由 PWM 信号产生电路、传感器电路、直流电动机驱动电路、按键控制电路四个模块电路组成，其中 PWM 信号产生电路是含总线结构的电路，直流电动机驱动电路是含复合式元件的电路。在绘制层次电路图之前，需要先绘制出各个模块电路。

启动 Protel 99SE 软件，新建（New Design）一个名为"PWM.ddb"的设计数据库在"D:\"内，打开"PWM.ddb"里面的"Document"，在里面新建一个名为"PWM.prj"的原理图文件，注意扩展名不是"Sch"时，应改为"prj"（"PWM.prj"原理图文件是层次电路图的最顶层电路文件，一般顶层电路的扩展名都用".prj"，以表示与其他电路的区别）。以后凡是该项目的各种文件都建在"PWM.ddb"数据库中的"Document"里。

2）添加元件库，放置元件。打开"PWM.ddb"里面的"Document"，在里面新建一个名为"PWMXH.Sch"的原理图文件，用于绘制 PWM 信号产生电路图。双击打开"PWMXH.Sch"文件，添加元件库"Protel DOS Schematic Libraries .ddb"，并按照表 8-1 所示的元件属性列表在原理图工作窗口按图 8-3 所示放置并编辑元器件。

表 8-1   PWMXH.Sch 元件属性列表

Lib Ref （元件样本）	Part Type （元件型号）	Designator （元件标号）	Footprint （元件封装）	Library （所属元件库）
CAP	60pf	C1	RAD0.1	Miscellaneous Devices .ddb
CAP	60pf	C2	RAD0.1	Miscellaneous Devices .ddb
74LS373	74LS373	U2	DIP-20	Protel DOS Schematic Libraries . ddb
8052	8052	U1	DIP-40	Protel DOS Schematic Libraries . ddb
8253	8253	U3	DIP-24	Protel DOS Schematic Libraries . ddb
CRYSTAL	CRYSTAL	Y1	XTAL1	Miscellaneous Devices.ddb

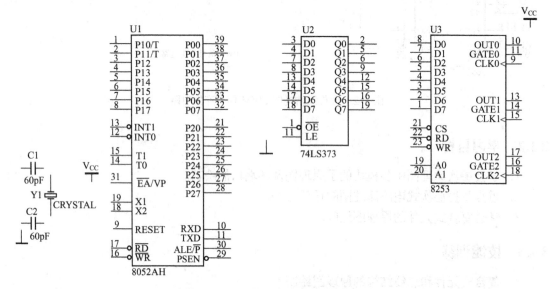

图 8-3   PWM 信号产生电路元件放置图

3）连线（常用 "Place" → "Wire"），根据电路草图在元件引脚之间连线。

当多条导线并行连接时，合理地使用总线结构，可使电路图简洁、明了。总线包括总线（Bus）本身和总线入口（Bus Entry），总线是由数条性质相同的导线组成的线束。总线比导线粗一点，但它与导线有本质上的区别。总线本身没有实质的电气连接意义，必须由总线接出的各个单一导线上的网络标号（Net Label）来完成电气意义上的连接，所以如果没有单一导线上的网络标号，总线就没有电气意义。而由总线接出的各个单一导线上必须要放置网络标号，具有相同网络标号的导线表示实际电气意义上的连接。导线上可以放置网络标号，也可以不放。普通导线上一般不放网络标号。

由于本电路中单片机 8052 中 P_0 口的 8 根导线与芯片 74LS373 以及 8253 都并行连接，可采用总线结构。单击画电路图工具栏 "Writing Tools" 内的 ⊨ 图标或执行菜单命令 "Place →Bus"，启动画总线（Bus）命令，按照导线的绘制方法即可绘制总线。在总线绘制完成后，需要用总线入口将它与导线连接起来，如图 8-4 所示。总线入口（Bus Entry）是单一导线输入/输出总线的端点，是总线和导线的连接线。执行菜单命令 "Place" → "Bus Entry" 或单击 "Writing Tools"（画电路图工具栏）内的 ↖ 图标，就启动画总线入口的命令。画总线入口的操作步骤如下：

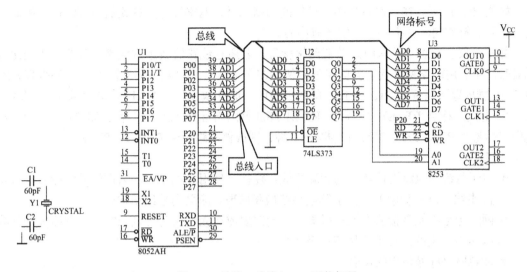

图 8-4　总线、总线入口、网络标号

① 将光标移到所要放置总线入口的位置，光标上出现一个圆点，表示移到了合适的放置位置，单击鼠标即可完成一个总线入口的放置。再次单击可继续放置，在放置过程中，按〈Tab〉键，总线入口的方向将逆时针旋 90°，按〈X〉键使总线入口左右翻转，按 Y 键使总线入口上下翻转。

② 画完所有总线入口后，单击鼠标右键，即可结束画总线入口状态，光标由"十"字形变成箭头形。

总线入口没有任何的电气连接意义，只是让电路图看上去更专业而已。画完所有总线入口和导线后，实际上，元件并没有真正连接在一起。要使元器件在电气含义上真正连接在一起，要放置网络标号，因为它具有实际的电气连接意义，凡是电路图上具有相同网络标号的导线，都被认为连接在一起。单击画电路图工具栏内的 Net 图标或执行菜单命令"Place"→"Net Label"，启动放置网络名称（Net Label）命令。放置网络标号的操作步骤如下：

① 启动放置网络标号命令后，将光标移到放置网络标号的导线上，光标上会产生一个小圆点，表示光标已捕捉到该导线，单击鼠标即可放置一个网络标号。

② 将光标移到其他需要放置网络标号的地方，继续放置网络标号。在放置过程中，如果网络标号的头、尾是数字，则这些数字会自动增加。如果当前放置的网络标号为"AD0"，则下一个网络标号自动变为"AD1"；同样，如果当前放置的网络标号为"1a"，则下一个网络标号自动变为"2a"，如图 8-5 所示。

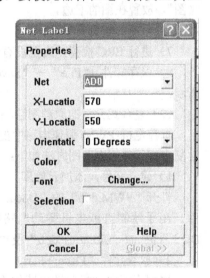

图 8-5　设置网络名称属性对话框

在放置过程中通过按〈Tab〉键或双击放置好的某一网络标号来设置网络标号属性对话框，如图 8-5 所示。在该对话框中，可修改网络标号、网络标号所放置的 X 及 Y 坐标值、网络标号放置方向、文字颜色、字体等内容。

并不是仅仅有总线结构时才放置网络标号，若所连线路比较远或线路太复杂，布线比较困难时，可利用网络标号代替实际走线。例如在图 8-2 中单片机 8052 的（1～6 外引脚）P1口 0～5 脚放置网络标号 P10～P15、单片机 8052 的 12 脚网络标号 ch1，单片机 8052 的 9、16、17 脚网络标号 RESET、RD、WR，21 脚放置网络标号 P20，芯片 8253 的 21、22、23脚网络标号为 P20、RD、WR，13 脚与 17 脚分别放置网络标号 PWM1、PWM2。

注意：

- 对于熟练的电路设计者，为制版快捷，往往不使用总线结构，只使用网络标号代替实际走线。但对初学者，为了解电路结构和原理，应采用总线结构。
- 网络标号不能直接放在元件引脚上，一定要放在元件引脚的延长线上；网络标号是具有电气意义的，切不可用字符串代替。
- 注意网络标号使用的场合：

a 简化电路图：若所连线路比较远或线路太复杂，布线比较困难时，可利用网络标号代替实际走线。

b 总线结构：与总线结构连接的导线，若有相同网络标号，则它们是连接在一起的。

c 层次原理图或多重式电路：在这些电路中，利用网络标号表示各个模块之间的连接关系。网络标号的作用范围可以是一张电路图，也可以是一个项目中的多张电路图。

4）放置节点（"Place"→"Junction"）。检查电路图中需要节点的地方是否有节点，若没有，则添加节点。

5）放置注释文字（"Place"→"Annotation"）。单击"Drawing Tools"（画图工具栏）上的 T 按钮，或执行菜单命令"Place"→"Annotation"，在 Text 栏输入"PWM 信号产生电路图"，放置在图的下边。

6）电路的修饰及整理。

7）进行 ERC 检查，直至没有错误提示。根据需要产生元件清单。

8）保存文件（"File"→"Save"）。最终绘制完成的含有总线结构的电路原理图如图 8-2所示。

（2）复合式元件的原理图绘制

直流电机 PWM 调速电路中的直流电机驱动电路模块是含复合式元件的电路。绘制含有含复合式元件的电路图方法如下：

1）建立文件，添加元件库

打开"PWM.ddb"的"Document"文件，在里面新建一个名为"qudong.Sch"原理图文件，用于绘制直流电机驱动电路图。双击打开"qudong.Sch"文件，添加元件库"Protel DOS Schematic Libraries .ddb"及"SGS Industrial. Ddb"。

2）放置元件（Place→Part）

根据直流电动机驱动电路的组成情况，表 8-2 给出了该电路每个元件样本、元件型号（型号规格）、元件标号、元件封装、所在元件库等数据。根据该表在屏幕左方的元件管理器中选取相应元件，并放置于屏幕编辑区。

表 8-2　直流电动机驱动电路元件数据

Lib Ref （元件样本）	Part Type （元件型号）	Designator （元件标号）	Footprint （元件封装）	Library （所属元件库）
RES2	1K	R7、R8	AXIAL0.4	Miscellaneous Devices. ddb
74LS08	74LS08	U5	DIP-14	Protel DOS Schematic Libraries . ddb
L298N(15)	L298N	U4	ZIP-15V	SGS Industrial. ddb
MOTOR AC	M	M1、M2	插接件(HDR1X2)	Miscellaneous Devices. ddb
NPN	NPN	Q2、Q3	TO-220	Miscellaneous Devices. ddb

在放置集成芯片 74LS08 时，涉及复合式元件的概念。对于集成电路，在一个芯片上往往有多个相同的单元，称为复合式元件，如图 8-6 所示的 74LS08，在一个芯片上包含 4 个相互独立的单元器件，有 14 个引脚，其中 7、14 分别为接地和电源引脚，同时为芯片上的 4 个单元供电。

在原理图编辑环境的元件管理器窗口中"Filter"栏通配符"*"前输入 74LS08，依次单击其下面对象浏览框的元件库，直到找到 74LS08，看到最下面框的"Part"栏右边出现"1/4"，"4"表示只有 4 个单元，"1"表示此时显示的是第一个单元。单击"Place"按钮，在编辑区放置该单

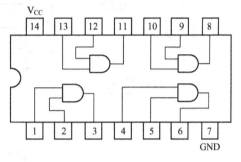

图 8-6　74LS08 引脚排列

元，发现其元件标号"Designator"显示为"U?A"，表示是第一个单元 A，在元件管理器窗口中"Part"栏单击 〉 按钮，右边出现"2/4"，放置在编辑区，其元件标号"Designator"显示为"U?B"，表示是第二个单元 B。同理在"Part"栏继续单击 〉，右边依次出现"3/4"和"4/4"，放置在编辑区其元件标号"Designator"依次显示为"U?C"和"U?D"，表示是第三个单元 C 和第四个单元 D，如图 8-7 所示，这 4 个符号的元件名称相同，图形相同，只是引脚号不同。在编辑区分别双击 A、B 两个单元，分别查看其属性差异，发现"Part"栏不同，A 单元中是"1"，B 单元中是"2"，如图 8-8 所示。

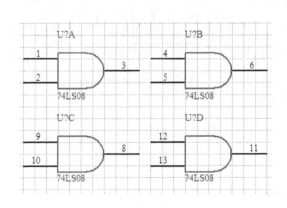

图 8-7　74LS08 元件符号

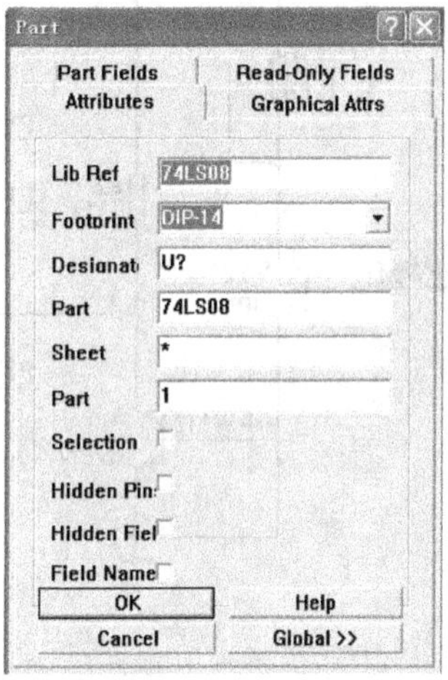

图 8-8　元件属性对话框

185

3）设置元件属性

按照表 8-2 中的要求逐个设置元件属性。

4）调整元件位置

调整的主要依据是事先绘制的草图，调整元件位置完成后的画面如图 8-9 所示。

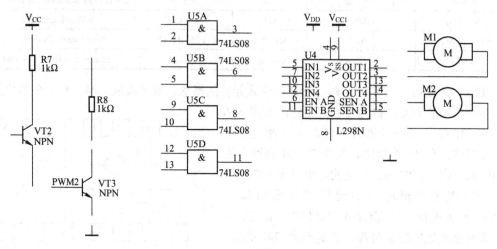

图 8-9　元件排列布局图

注意：对于较复杂的电路而言，放置元件、调整位置及连线等步骤经常是反复交叉进行的，不一定有上述非常明确的步骤。为了让电路更加简洁，更加直观和更具可读性，有可能在连线时根据具体情况动态调整元件位置，或将线路连接到某地点时才可能决定下一个元件应该摆放在什么位置。

⑤ 绘制导线

常用"Place"→"Wire"命令，根据图 8-9 所示元件排列布局在元件引脚之间连线，并且标上相应的网络标号，连接好后的效果如图 8-10 所示。

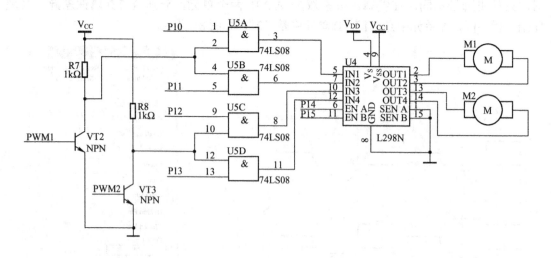

图 8-10　直流电机驱动电路图

2. 层次原理图设计

在设计较大规模的或比较复杂的原理图时，尽管可以用一张大图把整个电路都画出来，但很难立刻把各功能单元区分开来。更何况有些复杂电路图根本无法在一张特定幅面的图纸上绘制出或打印出整个系统电路图。因此从事原理图设计的工作人员一般愿意把整个电路按不同功能分别画在几张小图上，采取化整为零、聚零为整的设计思想进行模块化设计。这样的设计方法会使复杂电路变为相对简单的几个模块，整体结构明了，各部分功能更加清晰。同时根据分解后的各个独立部分内容将任务分配给多个工程技术人员，让他们独立发挥，从而使设计的系统更完善，同时还会提高模块电路的复用性以加快设计速度。这就是层次原理图的设计思想。

（1）了解层次原理图设计的结构

层次原理图由主电路和子电路组成，子电路下面还可以包含下一级电路，如此下去形成树状结构。请查看软件自带层次原理图，了解层次原理图设计的结构。打开存放路径里面的文件："D：\Design Explorer 99SE\Examples\4 Port Serial Interface .ddb"，若安装软件是默认C盘，则打开："C：\Program Files\Design Explorer 99SE\Examples\4 Port Serial Interface .ddb"，都打开主电路图文件（其扩展名是.prj）："4 Port Serial Interface. Prj"，都可以看到同样的层次原理图，如图 8-11 所示。出现两个方块图，两个方块图里的一些小多边形相互用导线或总线连接在一起。

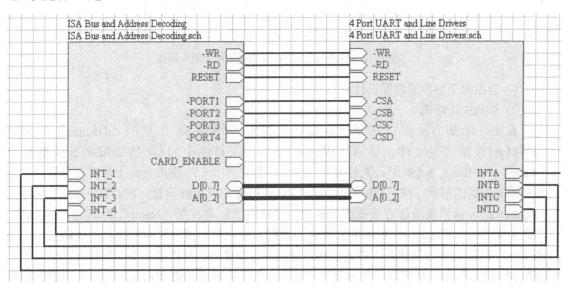

图 8-11　层次原理图中的主电路图

要从主电路图查看子电路图，单击主工具栏上的 按钮，或执行菜单命令"Tools" →"Up/Down Hierarchy"，光标变为"十"字形，在要查看的方块图上单击，则系统切换到该方块图对应的子电路图，其文件扩展名为.sch 。

要从子电路图查看主电路图，单击主工具栏上的 按钮，或执行菜单命令"Tools" →"Up/Down Hierarchy"，光标变为十字形，在子电路图（.sch）的小多边形（I/O 端口）上单击，则系统切换到主电路图，其文件扩展名为.prj。

（2）层次原理图设计的方法

通常采用两种不同方法进行层次原理图的设计。不同的设计方法对应的层次原理图的建立过程也不尽相同。

1）自顶向下的设计

所谓自顶向下的设计，就是先建立一张系统总图，用功能模块电路代表它下一层的子系统，然后分别绘制各个功能模块对应的子电路图。

2）自底向上的设计

所谓自底向上的设计，就是先建立底层子电路，然后再由这些子电路原理图产生功能模块电路图，从而产生上层原理图，最后生成系统的原理总图。

（3）直流电动机 PWM 调速电路的层次原理图设计

直流电动机 PWM 调速电路主要由单片机控制的 PWM 信号产生电路、直流电动机驱动电路、传感器电路以及按键控制电路四部分组成，其结构框图如图 8-12 所示，其电源引入部分以接插件形式接入。下面以直流电动机 PWM 调速电路为例，进行层次原理图设计。

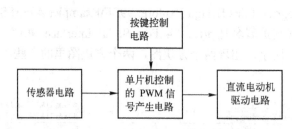

图 8-12　直流电动机 PWM 调速电路的结构框图

1）自顶向下层次原理图设计

① 绘制主电路图

首先，绘制方块图。打开已有设计数据库"PWM.ddb"里的"Document"中的"PWM.prj"原理图文件，单击"Wiring Tools"工具栏中的 ▨ 按钮或执行菜单命令"Place"→"Sheet Symbol"，光标变成"十"字形，且"十"字形光标上带有一个与前次绘制相同的方块图形状，按〈Tab〉键进行"Sheet Symbol"属性设置。在"Filename"栏填上"anjian.sch"，该栏表示该方块图所代表的主电路图文件名。在"Name"栏填上"anjian"，注意名字应与"Filename"栏中的文件名相对应，该栏表示该方块图所代表的模块名称，如图 8-13 所示。（也可以放置方块大小后，对它双击或单击右键选择属性，同样可以更改设置属性。）单击"OK"按钮后，光标仍为"十"字形，在适当位置单击鼠标，确定方块图的左上角，移动光标直到方块图大小合适时，在其右下角单击鼠标，则放置好一个方块图。此时系统仍处于放置方块图状态，可以重复以上步骤继续放置，也可以单击右键退出放置状态。

如果要修改方块图的大小，可以对该方块图单击鼠标，使其处于选中状态，当出现灰色的控点时，对控点单击鼠标，使方块图处于激活状态后，移动光标可对方块大小进行调整。

其次，在方块图上放置端口。单击"Wiring Tools"连线工具栏中的 ▨ 按钮或执行菜单命令"Place"→"Add Sheet Entry"，光标变成"十"字形，将"十"字形光标移到方块图上单击（注意一定要在方块图上单击，如果在方块图外单击则没有效果），出现一个浮动的方块电路端口，此端口随光标移动而移动。按〈Tab〉键，进行"Sheet Entry"属性设置。在

"Name"栏填输入"RESET"，该栏表示该方块电路端口名称。在"I/O Type"栏选输入端口"Output"，该栏选项表示端口电气类型。"Side"表示端口的停靠方向，有上下左右四个方向。这里不用选择，会根据端口的放置位置自动设置。"Style"栏设置端口外形。这里选择向右"Right"，如图 8-14 所示。设置完毕后，单击"OK"按钮，将端口放置在方块图中的合适位置。放置后系统仍处于放置端口的状态，单击右键退出该状态。

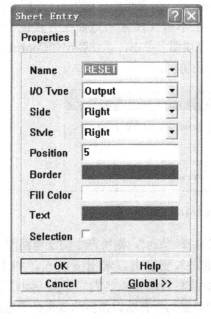

图 8-13 Sheet Symbol 属性对话框　　　　图 8-14 Sheet Entry 属性对话框

按照绘制方块图和放置端口的方法再分别画 3 个方块并放置 10 个端口，在"I/O Type"栏的选择上，左边端口为输入，右边为输出。注意设置表示总线连接的端口属性时，在"Name"栏填上"P1[0..5]"，所有方块和端口放置位置和属性设置如图 8-15 所示。

如果需要修改某个端口的参数，对该端口双击或单击右键选择"Properties"命令，同样可以重新设置属性。如果只是需要移动端口的位置，可以直接将该端口拖动到新位置。

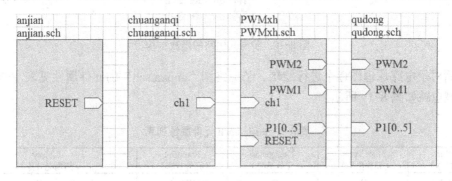

图 8-15　绘制方块图和放置端口

最后，绘制方块图之间的连接。方块图之间的连接可以使用导线和总线。图 8-11 中的 D[0..7]和 A[0..2]的连接线是总线，其余都为导线。在本例图 8-15 中在 P1 端口也使用总线，其余用导线连接，连接好的主电路图如图 8-1 所示。

② 绘制子电路图

绘制完主电路图，再分别绘制主电路图中各方块电路对应的子电路图。子电路图与主电路图中的方块电路是一一对应的，不要使用创建原理图文件的方法创建子电路图，其正确的操作方法如下：在"PWM.prj"文件主电路图中执行菜单命令"Design"→"Create Sheet From Symbol"（由符号生成图纸），光标变成"十"字形。将光标移到要创建子电路图文件的方块图上单击（注意一定要在方块图上单击，如果在方块图外单击则无响应），如在"anjian"方块图上单击，系统弹出"Confirm"对话框，如图 8-16 所示，要求用户确认端口的输入/输出方向。

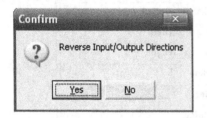
图 8-16 Confirm 对话框

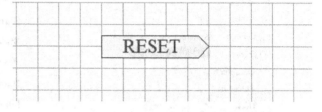
图 8-17 自动生成的 anjian.sch 子电路图

如果选择"Yes"，则所产生的子电路图中输入输出端口方向与主电路方块图中端口方向相反，即输入变输出，输出变输入。如果选择"No"，则端口方向不反向。这里选择"No"。系统将自动生成名为"anjian.sch"的子电路图，且自动切换到子电路图画面，主电路图中放置的所有端口都自动放置在子电路图中，无需自己再单独放置输入输出端口。如图 8-17 所示为"anjian"子电路图中截取的所有端口。

同样方法，可以再生成 3 个相应子电路图。从文件管理器中可以看到"anjian.sch"等子电路图自动在"PWM.prj"的下一级，如图 8-18 所示为阶层式电路的层次结构。

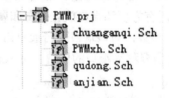
图 8-18 阶层式电路的层次结构

最后对子电路原理图逐个进行绘制。子电路图"anjian.sch"的元件属性见表 8-3，所绘制的按键电路如图 8-19 所示。

表 8-3 anjian.sch 元件属性列表

Lib Ref （元件样本）	Part Type （元件型号）	Designator （元件标号）	Footprint （元件封装）	Library （所属元件库）
RES2	1K	R6	AXIAL0.4	Miscellaneous Devices.ddb
CAPACITOR	22uF	C3	RB.2/.4	Miscellaneous Devices.ddb
RES2	200	R5	AXIAL1	Miscellaneous Devices.ddb
SW-PB	SW-PB	S1	HDR1X2	Miscellaneous Devices.ddb

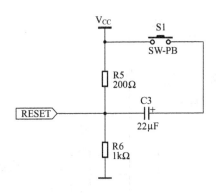

图 8-19　按键电路

根据表 8-2 所示的子电路图"qudong.sch"的元件属性，利用图 8-10 所示的直流电动机驱动电路绘制成的模块如图 8-20 所示。

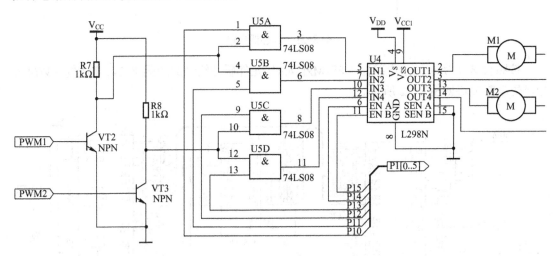

图 8-20　驱动电路

按照表 8-4 所示的子电路图"chuanganqi.sch"元件属性进行元件放置及元件属性编辑，注意放置复合式元件 LM124 时，按照前面绘制复合式元件的原理图方法只放置 1/4 部分，即 A 单元部分。最后所绘成的传感器电路图如图 8-21 所示。

表 8-4　chuanganqi.sch 元件属性列表

Lib Ref （元件样本）	Part Type （元件型号）	Designator （元件标号）	Footprint （元件封装）	Library （所属元件库）
RES2	2K	R4、R3	AXIAL0.4	Miscellaneous Devices.ddb
RES2	200	R1、R2	AXIAL1	Miscellaneous Devices.ddb
LED	LED	D1	RAD0.1	Miscellaneous Devices.ddb
LM324	LM324	U6	DIP-14	Protel DOS Schematic Libraries . ddb
NPN-PHOTO	NPN-PHOTO	Q1	RB.2/.4	Miscellaneous Devices.ddb

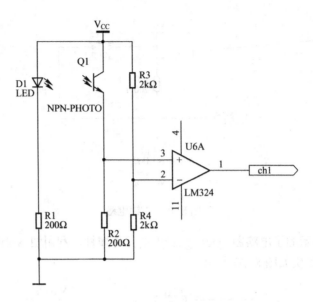

图 8-21　传感器电路

按照表 8-1 所示的子电路图"PWMxh.sch"元件属性绘制成的图 8-2，完成的 PWM 信号产生电路模块如图 8-22 所示。

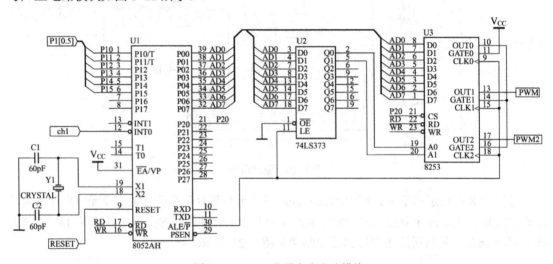

图 8-22　PWM 信号产生电路模块

至此，完成了一个简单而完整的层次电路图的设计。可以单击主工具栏上的 按钮或执行菜单命令"Tools"→"Up/Down Hierarchy"，当光标变为"十"字形时，在主电路方块图上单击或在子电路图中的端口上单击，可以进行主电路图与子电路图之间的互相切换。此外，还可以利用文件管理器切换。如图 8-18 所示，在"PWM.prj"前面的"-"表示该文件被展开。主电路图下面扩展名为".sch"的文件就是它的子电路图，如果子电路图文件名前还有"+"，则该子电路图下面还有一级子电路，也可以单击"+"展开。单击图中的文件名或文件名前的图标，可以很方便地打开相应的文件。

2）自底向上层次原理图设计

① 绘制子电路图

首先，新建一个数据库 "PWM2.ddb"，在其设计数据库里的 Document 中新建 4 个原理图文件，并依次将其命名为 "anjian.Sch"、"chuanganqi.Sch"、"PWMxh.Sch"、"qudong.Sch"，按照前面学习的绘制原理图的方法分别绘制 " anjian.Sch "、" chuanganqi.Sch "、"PWMxh.Sch"、"qudong.Sch" 子电路图。

绘制子电路图后，要分别在其相应的输入和输出端制作输入/输出（I/O）端口。因为电路与另一个电路连接起来的基本方法通常有三种，一是用实际的导线连接；二是通过设置网络标号，使具有相同网络标号的电路在电气上是相连通的；三是制作电路的输入/输出端口，使某些电路具有相同 I/O 端口。具有相同的 I/O 端口名称的电路将被认为属于同一网络，即在电气关系上认为它们是连接在一起的，这种方法常用于绘制层次电路原理图。单击 "Wiring Tools" 连线工具栏中的 按钮或执行菜单命令 "Place→Port"，十字光标会带着一个多边形的 I/O 端口，将 I/O 端口移到合适位置，单击即可确定 I/O 端口一端位置，然后拖动光标到达另一恰当位置，再次单击左键即可确定 I/O 端口另一端的位置。在放置 I/O 端口过程中按〈Tab〉键或放好后双击或单击右键选择属性，可以进行 I/O 端口属性设置。每张图纸绘制完后进行电气规则检查，以防出错。最后绘制好的子电路图如图 8-19～图 8-22 所示。

② 根据子电路图创建方块电路

在 "PWM2.ddb" 设计数据库里的 "Document" 中新建一个原理图文件 "PWM.Prj"，这里 "PWM.Prj" 是顶层的主电路图文件名。双击打开 "PWM.Prj" 原理图文件，执行菜单命令 "Design" → "Create Symbol From Sheet"（从图纸生成符号），系统弹出 "Choose Document to Place" 对话框，如图 8-23 所示。在对话框中选择要创建方块图的子电路图文件名（如 anjian.Sch），单击 "OK" 按钮，出现如图 8-23 所示的对话框，在其对话框中选择 "No"，出现一个浮动的方块图形随光标移动，在合适位置放置好 "anjian.Sch" 所对应的方块电路，该方块电路已经包含子电路图中所有 I/O 端口，无需再放置。

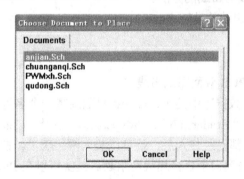

图 8-23　选取文件放置对话框

重复以上操作，选择 "chuanganqi.Sch"、"PWMxh.Sch"、"qudong.Sch"，放置所有的子电路图对应的方块电路，如图 8-24 所示。调整方块图大小、位置和其端口方向、位置，调整后如图 8-15 所示，然后将各方块电路用导线连接起来，即完成了一个简单而完整的层次电路图设计，如图 8-1 所示。同时从文件管理器中也可以看到 "PWM.Prj" 阶层式电路的层次结构，如图 8-18 所示。

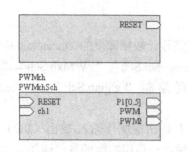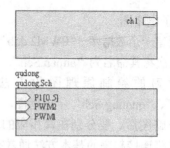

图 8-24　放置好所有的方块图

注意：本项目电路图不复杂，完全可以直接绘制在一张大图纸上，如果熟悉电路结构及原理，直接可用网络标号进行连接，不一定非要进行层次电路图的绘制。

8.2　直流电机 PWM 调速电路的双面 PCB 制作

8.2.1　任务描述

前面已经完成了直流电动机 PWM 调速电路原理图的绘制，该任务目标主要是利用电子 CAD 软件完成直流电动机 PWM 调速电路的双面 PCB 设计。本任务中进行 PCB 设计时，没有网络表的生成环节，采用同步器进行加载，其次，原理图中没有单独给出插接连接件，要在 PCB 中进行添加，引出电源各组信号端口。本任务将不再给出参考 PCB，必须根据所学知识与技能自主设计出尽可能美观、规范的 PCB。

8.2.2　学习目标

1. 学会利用同步器对网络表的加载。
2. 学会单面布局和双面布线的方法。
3. 学会 PCB 图中引出端的处理方法。

8.2.3　技能训练

1. 网络表的加载与 PCB 双面布局布线

在"PWM.ddb"设计数据库中的 Document 里面新建一个名为"PWM.PCB"的 PCB 编辑文件，加载封装元件库"Headers.lib"、"Advpcb.lib"以及"General IC.lib"。

确定所有元件的封装都已经装入后，就可以装入网络表了。前面项目已经学习了先产生网络表，然后在 PCB 编辑窗口中直接加载网络表。其实可以在 Protel 99SE 中直接实现原理图和 PCB 之间的双向同步设计。也就是说，进行原理图设计后，可以直接更新 PCB 设计，而不必产生网络表。这样通过"更新"（Update）方式，利用"同步器"（Synchronization）实现原理图文件与印制板文件之间的信息交换。

（1）通过"更新"方式实现原理图文件与印制板文件之间的信息交换

打开"PWM.Prj"文件，在原理图编辑状态下，执行菜单命令"Design"→"Update PCB"（更新 PCB），弹出如图 8-25 所示对话框。如果原理图中某元件属性没有填写完整，则在"Synchronization"(同步器)右边出现"Warnings"(警告),如图 8-26 所示。

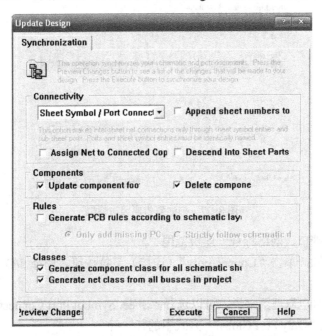

图 8-25 Update Design(更新设计)对话框

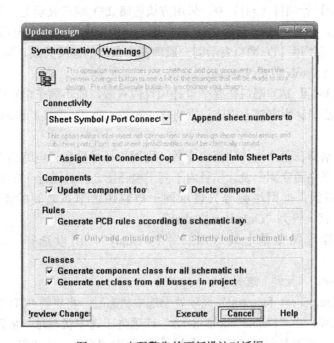

图 8-26 出现警告的更新设计对话框

单击"Warnings"按钮,弹出描述警告原因的对话框,如图 8-27 所示。

取消更新 PCB,单击"Cancl"按钮,在原理图中找出没有填封装的元件进行补填,然后重新进行更新 PCB 操作,再次进入图 8-25 所示对话框。该对话框中各选项设置依据如下:

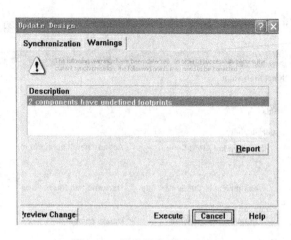

图 8-27   描述警告原因对话框

1）选择"I/O 端口、网络标号"连接范围

根据原理图结构，单击"Connectivity"（连接）下拉按钮，选择 I/O 端口、网络标号的作用范围。

首先，对于单张电原理图来说，可以选择"Sheet Symbol/Port Connections"、"Net Labels and Port Global"或"Only Port Global"方式中的任一种。

其次，对于由多张原理图组成的层次电路原理图来说：

① 如果在整个设计项目（.prj）中，只用方块电路 I/O 端口表示上、下层电路之间的连接关系，也就是说，子电路中所有的 I/O 端口与上一层原理图中方块电路 I/O 端口一一对应，此外就再也没有使用 I/O 端口表示同一原理图中节点的连接关系，则将"Connectivity"（连接）设为"Sheet Symbol/Port Connections"。

② 如果网络标号及 I/O 端口在整个设计项目内有效，即不同子电路中所有网络标号、I/O 端口相同的节点均认为电气上相连，则将"Connectivity"（连接）设为"Net Labels and Port Global"。

③ 如果 I/O 端口在整个设计项目内有效，而网络标号只在子电路图内有效，则在原理图编辑过程中，应严格遵守同一设计项目内不同子电路图之间只通过 I/O 端口相连，不通过网络标号连接的原则，即网络标号只表示同一电路图内节点之间的连接关系时，则将"Connectivity"（连接）设为"Only Port Global"。

由于本项目原理图是整个设计项目"PWM.prj"，所以选择"Sheet Symbol/Port Connections"项。

2）"Components"（元件）选择

当"Update component footprint"选项处于选中状态时，将更新 PCB 文件中的元件封装图，本项目选中此项；当"Delete components"选项处于选中状态时，将忽略原理图中没有连接的孤立元件，本项目选中此项。根据需要选中"Generate PCB rules according to schematic layer"选项及其下面的选项。

3）预览更新情况

单击"Preview Change"（变化预览）按钮，观察更新后发生的改变，如果原理图正确，更新后如图 8-27 所示。

如果原理图不正确，则图 8-28 中的错误（Error）列表窗口内将列出错误原因，同时更新列表窗下将提示错误总数，并在"Update Design"（更新设计）窗口内，增加"Warnings"（警告）标签。若原理图中没有填 LED 元件封装，预览更新情况如图 8-29 所示。单击"Report"按钮，弹出一个后缀为".SYN"的文件显示框，可以观察警告原因详细报告，如图 8-30 所示。

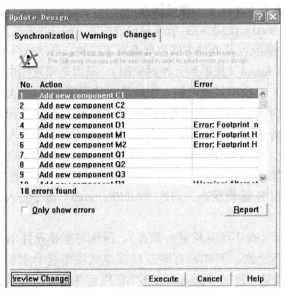

图 8-28　预览更新情况

图 8-29　原理图不正确时的更新情况

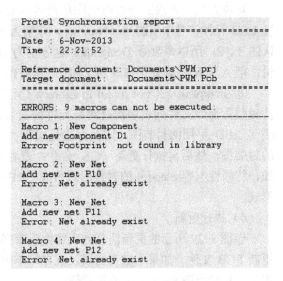

图 8-30　警告原因详细报告

这时必须认真分析错误列表窗口内的提示信息或警告原因详细报告，找出出错原因，并单击"Cancel"按钮，放弃更新，返回原理图编辑状态，更正后再执行更新操作，直到更新信息列表窗内没有错误提示信息为止。

错误列表窗口内的提示信息存在 7 种提示：

Component Already exists ：增加已存在的元件。

Component not found：元件不存在，找不到元件封装图。

Footprint XX not found in Library：元件封装图形库中没有 XX 封装形式。

Net Already exists ：增加已存在的网络。

Net not found：网络不存在。

Node not found：找不到元件某一焊盘接点。

Alternative footprint used instead XX：程序自动使用了可能是不合适的元件封装。

常见的出错信息、原因以及处理方式主要有以下三种：

① Component not found（找不到元件封装图）。原因是原理图中指定的元件封装形式在封装图形库文件（.Lib）中找不到或未装入相应的封装图库文件。"Advpcb.ddb"文件包内的"PCB Footprint.Lib"文件包含了绝大多数元件的封装图形，但如果原理图中某一元件封装形式特殊，在"PCB Footprint.Lib"图形库文件中找不到，就需要装入非常用元件封装图形库文件包。当然如果常用元件封装图都找不到，则肯定没有装入相应的元件封装图库文件。

解决办法：单击"Cancel"按钮，取消更新操作。在"设计文件管理器"窗口内，单击 PCB 文件图标，进入 PCB 编辑状态，通过"Add/Remove"命令装入相应元件封装图形库文件包。

② Node not found（找不到元件某一焊盘）。原因可能是元件电气图形符号引脚编号与元件封装图引脚编号不一致。例如，有些三极管电气图形符号引脚编号为 E、B、C，而"Advpcb.ddb"文件包内的"PCB Footprint.Lib"常用元件封装图形库文件中的 TO-92A 的引脚编号为 1、2、3，彼此不统一。

解决办法：修改三极管电气图形符号的引脚编号，并更新原理图。如本项目中发光二极管 LED 元件符号中引脚号（Number）分别为 A 和 K，发光二极管封装的焊盘号不能采用默认的 1、2，所以焊盘号 Designator 也分别为 A 和 K；也可以在原理图中的元件库中进行编辑，把 A 和 K 引脚分别修改为 1 和 2。这时也可能需要创建发光二极管专用封装图。

③ Footprint XX not found in Library（元件封装图形库中没有 XX 封装形式）。原因是元件封装图形库文件列表中没有对应元件的封装图，例如"PCB Footprint.Lib"中没有发光二极管 LED 可用的封装图，解决办法是编辑"PCB Foofprint.Lib"文件，并在其中创建 LED 的封装图，然后再执行更新 PCB 命令；或者原理图中给出的元件封装形式拼写不正确，例如，将极性电容 Electrol 的封装形式写成"RB0.2/0.4"，解决办法是返回原理图修正元件封装形式。

4）执行更新

当图 8-29 所示的更新信息列表窗内没有错误提示时，可单击"Execute"（执行）按钮，更新 PCB 文件。如果不检查错误，就立即单击"Execute"（执行）按钮，则当原理图存在错误时，将给出图 8-31 所示的提示信息。

图 8-31　原理图存在缺陷不能更新时的提示

更新时需要注意以下几点：

执行菜单命令"Design"→"Update PCB…"后，如果原理图文件所在的文件夹内没有PCB文件，将自动生成一个新的PCB文件（文件名与原理图文件相同）。

如果当前文件夹内已存在一个PCB文件，将更新该PCB文件，使原理图内元件电气连接关系、封装形式等与PCB文件保持一致（更新后不改变未修改部分的连线）；如果原理图文件所在文件夹内存在两个或两个以上的PCB文件，将给出图8-32所示的提示信息，要求操作者选择并确认更新其中一个PCB文件。因此，在Protel 99SE中，可随时通过"更新"操作，使原理图文件（.Sch）与印制板文件（.PCB）保持一致。

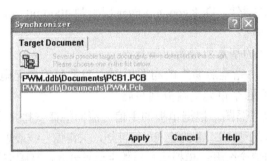

图8-32　原理图存在缺陷不能更新时的提示

如果图8-28中没有错误，则更新后，原理图文件中的元件封装图将呈现在PCB文件编辑区内，如图8-33所示，图中具有定义的单元房间区域块，便于分功能区域布局。可见，在Protel 99SE中并不一定需要网络表文件。

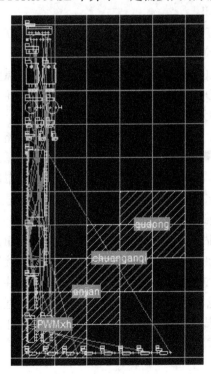
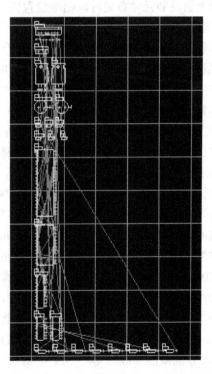

图8-33　更新PCB生成的PCB文件　　图8-34　重新更新PCB生成的无定义房间区域的PCB文件

如果执行菜单命令"Design"→"Update PCB…"时，原理图文件（.Sch）所在文件夹下没有 PCB 文件（更新时将自动创建一个空白的 PCB 文件），或原来的 PCB 文件没有布线区边框，则执行菜单命令"Design"→"Update PCB…"（更新 PCB）时也能将原理图中元件封装及电气连接关系信息装入 PCB 文件内，如图 8-33 所示，只是 PCB 编辑区内没有出现布线区边框。如果不需要定义的单元房间区域功能块，可以完全删除，重新执行菜单命令"Design"→"Update PCB…"后，如图 8-34 所示，就没有单元房间区域功能块。

（2）PCB 的单面布局、双面布线

1）PCB 的单面布局

由于元件基本上都是插件，在 KeepOutLayer 层绘制 4000mil×4000mil 的电气边界，在这个边界内进行元件单面布局。

其布局操作的应遵守的基本原则有以下几点：

① 遵照"先大后小，先难后易"的布置原则，即重要的单元电路、核心元器件应当优先布局。本项目主要按照四个单元电路分别布局。

② 布局中应参考原理框图，根据单板的主信号流向规律安排主要元器件。

③ 布局应尽量满足以下要求：总的连线尽可能短，关键信号线最短；高电压、大电流信号与小电流，低电压的弱信号完全分开；模拟信号与数字信号分开；高频信号与低频信号分开；高频元器件的间隔要充分。本电路没有高电压、大电流信号，只是注意模拟信号与数字信号分开。

④ 相同结构电路部分，尽可能采用"对称式"标准布局；按照均匀分布、重心平衡、版面美观的标准优化布局。

⑤ 器件布局栅格的设置，一般 IC 器件布局时，栅格应为 50～100 mil，小型表面安装器件，如表面贴装元件布局时，栅格设置应不少于 25mil。

⑥ 同类型插装元器件在 X 或 Y 方向上应朝一个方向放置。同一种类型的有极性分立元件也要力争在 X 或 Y 方向上保持一致，便于生产和检验。

⑦ 发热元件一般应均匀分布，以利于单板和整机的散热，除温度检测元件以外的温度敏感器件应远离发热量大的元器件。本项目中要注意 Q1 元件的布局。元器件的排列要便于调试和维修，即小元件周围不能放置大元件、需调试的元器件周围要有足够的空间。

⑧ IC 去偶电容的布局要尽量靠近 IC 的电源引脚，并使之与电源和地之间形成的回路最短。元件布局时，应适当考虑使用同一种电源的器件尽量放在一起，以便于将来的电源分隔。

⑨ 用于阻抗匹配目的阻容器件的布局，要根据其属性合理布置。串联匹配电阻的布局要靠近该信号的驱动端，距离一般不超过 500mil。匹配电阻、电容的布局一定要分清信号的源端与终端，对于多负载的终端匹配一定要在信号的最远端匹配。

⑩ BGA 与相邻元件的距离应大于 200mil。其他贴片元件相互间的距离应大于 30mil；贴装元件焊盘的外侧与相邻插装元件的外侧距离大于 80mil；有压接件的 PCB，压接的接插件周围 200mil 内不能有插装元、器件，在焊接面其周围 200mil 内也不能有贴装元、器件。焊接面的贴装元件采用波峰焊接生产工艺时，电阻、电容的轴向要与波峰焊传送方向垂直，阻排及 SOP（PIN 间距大于等于 50mil）元器件轴向与传送方向平行；PIN 间距小于 50mil 的 IC、SOJ、PLCC、QFP 等有源元件避免用波峰焊工艺焊接。

2）PCB 的双面布线

布局完成后打印出装配图供原理图设计者检查器件封装的正确性，并且确认单板、背板和接插件的信号对应关系，经确认无误后方可开始布线。

在自动布线之前，设置布线规则，这里设置双面布线，只把 GND 地线都设置在底层。安全间距设为 10mil，信号线宽设为 25mil，电源线宽设为 30mil，地线宽设为 35mil。如果自动布线后完成显示不是 100%，仍有几条线无法自动布线。尤其在单片机芯片 8052 元件封装的地方容易出现，如果不能完全自动布线，则选择 "Top Layer" 层，用手工布线，在要画过孔处，按小键盘上的〈+〉键，画一个过孔，然后根据飞线指示连线到要相应焊盘处。

2. PCB 图中引出端的处理

本项目中使用插接连接件封装 HDR1X2 的有 3 个，两个主要用来外接两个没有元件封装的直流电动机，一个用来直接接按钮或拨动开关。但该项目中 VCC、VCC1、VDD 各组电压信号仍由外部电源供给，还没有插接连接件进行连接，所以该 PCB 还需要做引出端的处理，既可以用焊盘引出，也可以增加插接件。其方法有以下几种：

（1）在层次原理图中增加插接件

打开层次原理图 "PWM.prj"，在元件库 "Miscellaneous Devices.ddb" 中找插接件 "CON"，由于该插接件需要 4 个信号的连接，所以选 "CON4"，其属性设置如图 8-35 所示。在 "Designator" 栏输入 "J1"，"Footprint" 栏输入 "HDR1X4"。在 PCB 编辑环境中，添加插接件的所属元件封装库 "Library\PCB\Connectors\Headers.ddb"（原来已经添加了就不必添加），可以看到插接件 "CON4" 的封装 "HDR1X4"。

在层次原理图中放置 "J1"，其和层次原理图中的连接如图 8-36 所示，完全用网络标号标出，放置在层次原理图最右边。

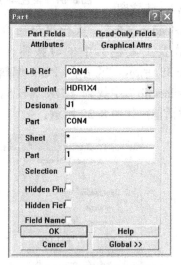

图 8-35　插接件属性设置图

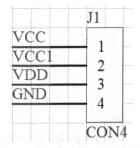

图 8-36　插接件 J1 及其连接

再由层次原理图更新 PCB，则插接件 "J1" 出现在 PCB 中，调整 "J1" 的位置，布局元件位置，然后按要求设置布线规则，自动布线与手工布线。

（2）直接在 PCB 中增加焊盘或插接件

1）直接在 PCB 中增加焊盘

打开 "PWM.PCB" 文件，在绘制好的 PCB 中直接添加焊盘，用焊盘做输入输出端。单击 "Placement Tools" 放置工具栏中的 ◉ 按钮，或执行菜单命令 "Place" → "Pad"，当光标变为"十"字形带小圆盘时,按键盘上的〈Tab〉键(也可以放置焊盘后双击或单击右键选择属性命令),弹出属性对话框,先设置焊盘大小,然后选择"Advanced"选项,在"Net"下拉列表框中选择所需网络名称,这里先选"VDD",注意选中"Plated",如图8-37所示。

单击"OK"按钮,然后在PCB图的一边沿空白处单击放置焊盘,此时焊盘与VDD网络之间有一条飞线。

按照以上操作,分别将"VCC"、"VCC1"、"GND"用焊盘引出,引出后按照飞线的指示可以就近放置好焊盘,也可以把所有焊盘按照输入和输出分别放置在空白边沿处,按照前面所学的操作方法进行自动布线与手工布线。

接下来对焊盘进行标注。单击工作层标签中的"Top Over Lay"(丝印层),将其设置为当前层,单击"Placement Tools"(放置工具栏)中的 **T** 按钮或执行菜单命令"Place→String",对各个焊盘进行标注。

2)在PCB中增加插接件

打开"PWM.PCB"文件,在绘制好的PCB中直接添加插接件。执行菜单命令"Tools"→"Un-Route"→"All",将所有布线拆除,然后按以下顺序进行操作。

① 放置元件封装"HDR1X4"。

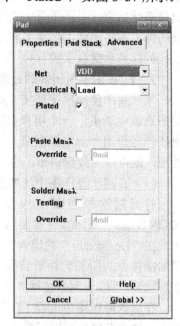

图 8-37 设置焊盘的接入网络

如果原来没有加载封装元件库"Headers.ddb",就按照前面介绍的方法加载"Library\PCB\Connectors\Headers.ddb",执行菜单命令"Place"→"Component",或单击"Placement Tools"(放置工具栏)中的 按钮,弹出"Place Component"(放置元件封装)对话框,如图8-38所示。或者在PCB编辑窗口左边的"Browse"下的"Library"元件浏览框里的"Headers.lib"中找到HDR1X4,单击"Place"按钮,放置过程中按〈Tab〉键,弹出属性设置对话框,如图8-39所示。

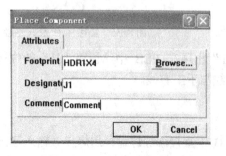

图 8-38 放置元件封装对话框

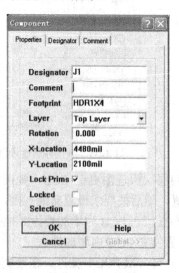

图 8-39 HDR1X4 属性设置对话框

在图 8-39 和 8-40 中："Footprint"表示元件封装，即元件封装号在元件封装库中的名字，这里是"HDR1X4"；"Designator"表示元件标号，这里填"J1"；"Comment"表示元件标注，对应于原理图元件符号中的"Part Type"，这里由于直接添加的插接件，所以可以不填。按照图示输入后单击"OK"按钮，将其放置在电路板的适当位置。这里放在 PCB 的右边沿空白处。

② 将"J1"的焊盘连接入网络。

第一步，直接设置焊盘属性：双击"J1"中的焊盘，在焊盘的属性对话框中选择"Advanced"选项，在"Net"下拉列表框中选择要连接的网络名称，焊盘 1 的"Net"选择"VCC"，焊盘 2 的"Net"选择"VCC1"，焊盘 3 的"Net"选择"VDD"，焊盘 4 的"Net"选择"GND"。

每设置一个焊盘完毕，单击"OK"按钮，每个焊盘都与相应网络之间有一条飞线。

第二步，进行自动布线和手工布线操作，并进行标注。未能 100%布线，需要手工布线，最后达到 100%，并在丝印层上标注各焊盘接线名称，最后结果如图 8-40 所示。

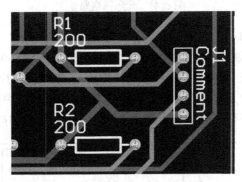

图 8-40　利用插接件引出的效果

8.3　实验要求

1）建立 LIGONG.sch 原理图文件，按照图 8-41 以及元件属性列表 8-5 绘制光隔离电路原理图，检查无误后保存。

表 8-5　光隔离电路元件属性列表

Lib Ref （元件样本）	Part Type （元件型号）	Designator （元件标号）	Footprint （元件封装）	注释
OPTOISO2	4N25	U1	DIP6	光耦
NPN	2N2222	Q1	TO-92A	NPN 晶体管
74LS14	74LS14	U2	DIP14	六施密特输入反相器
4093	4093	U3	DIP14	四—二施密特输入与非门
RES2	1K、2K、5K、3K	R1、R2、R3、R4	AXIAL0.3	电阻
CON2	CON2	J1	SIP2	连接器
CON3	CON3	J2	SIP3	连接器
4HEADER	4HEADER	JP1	HDR1X4	4 针连接器（最后添加）

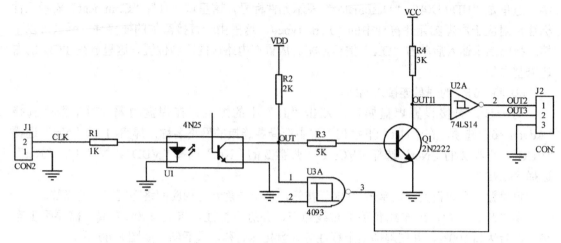

图 8-41　光隔离电路原理

2）新建一个 PCB 图文件，通过"更新"（Update）方式，利用"同步器"（Synchronization）绘制印制电路板，电路板大小为 2000mil×1500mil，并在 PCB 中直接添加 4 针连接器 4HEADER （封装 HDR1X4），焊盘 4 接 V_{CC}，焊盘 3 接 V_{DD}，焊盘 1 接 GND，而且按图 8-42 中元件封装布局。双层布线，电源 V_{CC} 和地线为 40mil，其他线宽 25mil，进行自动布线并保存。将完成的 PCB 文件（.pcb）导出到自己的文件夹内。

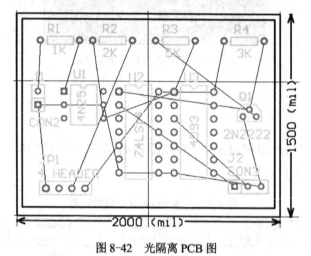

图 8-42　光隔离 PCB 图

8.4　思考题

1. 试说明放置工具栏中各个按钮的作用分别是什么，它们各自对应的菜单命令又是什么？简述其操作步骤。

2. 设计 PCB 时在焊盘处加焊泪滴状的金属铜有什么作用？

3. 如何放置、移动、删除一个元件？如何旋转一个元件？

4．在 PCB 版图设计中复制、剪切、粘帖如何操作？可否用于点取的实体？

5．如何装入网络表文件？

6．自动布局要作哪些准备工作？

7．自动布线要作哪些准备工作？

8．怎样按照下面的要求设置自动布局、自动布线设计规则：

- 元件间最小间距为 15mil。
- 只在顶层放置元件。
- 导线间最小安全距离为 20mil。
- 在顶层水平布线、底层垂直布线，其他信号层不用。
- 接地线最先布置。
- 布线宽度在 10~40mil 之间。

9．请说明执行自动布局、自动布线的命令有哪些？各有什么作用？如何操作？

10．元件报表有何作用？如何生成元件报表文件？

11．试说明怎样进入 PCB 元件封装编辑器？

12．试用手工创建法创建一个 DIP10 的元件封装。

13．试用向导法创建一个 DIP10 的元件封装。

14．如何创建项目元件封装库？

15．层次电路原理图设计中，怎样放置输入输出点？怎样设置输入输出点的方向？

附　　录

附录 A　Protel 99SE 常用元件符号及封装形式

序号	中文名称	名称	原理图符号	封装名称	封装形式	备注
1	标准电阻	RES1 RES2		AXIAL0.3～ AXIAL0.4		
2	两端口可变电阻	RES3 RES4				
3	三端口可变电阻	RESISTOR TAPPED POT1 POT2		VR1～VR5		
4	无极性电容	CAP		RAD0.1～RAD0.4		
5	可调电容	CAPVAR		RAD0.4		
6	极性电容	ELECTRO1 ELECTRO2		RB.2/.4～RB.5/.10		其中".2"为焊盘间距，".4"为电容圆筒的外径
7	钽电容	CAPACITOR POL		POLAR-0.6		
8	普通二极管	DIODE		DIODE0.4 DIODE0.7		注意做 PCB 时别忘了将封装 DIODE 的端口改为 A，K
9	发光二极管	LED				
10	稳压二极管	ZENER1～3				
11	整流桥	BRIDGE1 BRIDGE2		D-44 D-37 D-46		
12	大功率晶体管	NPN、PNP		TO-3 系列		

序号	中文名称	名称	原理图符号	封装名称	封装形式	备注
12	中功率晶体管			TO-220		扁平封装
				TO-66		金属壳封装
	小功率			TO-5，TO-46.TO-92A		
13	场效应晶体管	MOSFET				与晶体管封装形式类似
		JFET				
14	晶闸管	SCR		TO-92B		
15	双向晶闸管	TRIAC		TO-92A		
16	集成电路	双列直插元件（6801）		DIP 系列（DIP40）		

序号	中文名称	名称	原理图符号	封装名称	封装形式	备注
16		555 定时器	RESET VCC / TRIG DISCHG / THOLD / OUT CVOLT / GND / 555	DIP8		
		运算放大器（OP07）	OP07			
17	调压器	TRANS2	T? / TRANS2	TRF_EI54_1		
18	变压器	TRANS1		TRF_EI30_1		
19	仪表	METER				
20	伺服电动机	MOTOR SERVO				
21	氖泡	NEON				
22	电源	两端电源		SIP2		
23	石英晶体振荡器	CRYSTAL	CRYSTAL	XTAL1		
24	光耦合器	OPTOISO1		DIP4		
		OPTOISO2		BNC-5		
25	按钮	SW-PB		RAD0.4		

序号	中文名称	名称	原理图符号	封装名称	封装形式	备注
26	单刀单掷开关	SW-SPST		RAD0.3		
27	AC 插座	PLUG AC FEMALE		SIP3		
28	三端稳压器	LM317	Vin +Vout ADJ			
29	话筒	MICROPHONE2				
30	电铃	BELL		RAD0.4		
31	扬声器	SPEAKER				
32	白炽灯	LAMP				
33	电感	INDUCTOR		RAD0.3		
34	铁心电感	INDUCTOR IRON		AXIAL-0.9		
35	熔断器	FUSE1		FUSE1		
36	单排多针插座	CON6		SIP6		
37	D 型连接件	DB9		DB9FS		
38	双列插头	HEADER 8X2		HDR2X8		

附录 B 74LS 系列芯片功能速查表

74LS00   2 输入端四与非门

74LS01   集电极开路 2 输入端四与非门

74LS02   2 输入端四或非门

74LS03   集电极开路 2 输入端四与非门

74LS04   六反相器

74LS05   集电极开路六反相器

74LS06   集电极开路六反相高压驱动器

74LS07   集电极开路六正相高压驱动器

74LS08   2 输入端四与门

74LS09   集电极开路 2 输入端四与门

74LS10   3 输入端 3 与非门

74LS107   带清除主从双 J-K 触发器

74LS109   带预置清除正触发双 J-K 触发器

74LS11   3 输入端 3 与门

74LS112   带预置清除负触发双 J-K 触发器

74LS12   开路输出 3 输入端三与非门

74LS121   单稳态多谐振荡器

74LS122   可再触发单稳态多谐振荡器

74LS123   双可再触发单稳态多谐振荡器

74LS125   三态输出高有效四总线缓冲门

74LS126   三态输出低有效四总线缓冲门

74LS13   4 输入端双与非施密特触发器

74LS132   2 输入端四与非施密特触发器

74LS133   13 输入端与非门

74LS136   四异或门

74LS138   3-8 线译码器/复工器

74LS139   双 2-4 线译码器/复工器

74LS14   六反相施密特触发器

74LS145   BCD——十进制译码/驱动器

74LS15   开路输出 3 输入端三与门

74LS150   16 选 1 数据选择/多路开关

74LS151   8 选 1 数据选择器

74LS153   双 4 选 1 数据选择器

74LS154   4 线——16 线译码器

74LS155   图腾柱输出译码器/分配器

74LS156	开路输出译码器/分配器
74LS157	同相输出四 2 选 1 数据选择器
74LS158	反相输出四 2 选 1 数据选择器
74LS16	开路输出六反相缓冲/驱动器
74LS160	可预置 BCD 异步清除计数器
74LS161	可预置四位二进制异步清除计数器
74LS162	可预置 BCD 同步清除计数器
74LS163	可预置四位二进制同步清除计数器
74LS164	八位串行入/并行输出移位寄存器
74LS165	八位并行入/串行输出移位寄存器
74LS166	八位并入/串出移位寄存器
74LS169	二进制四位加/减同步计数器
74LS17	开路输出六同相缓冲/驱动器
74LS170	开路输出 4×4 寄存器堆
74LS173	三态输出四位 D 型寄存器
74LS174	带公共时钟和复位六 D 触发器
74LS175	带公共时钟和复位四 D 触发器
74LS180	九位奇数/偶数发生器/校验器
74LS181	算术逻辑单元/函数发生器
74LS185	二进制——BCD 代码转换器
74LS190	BCD 同步加/减计数器
74LS191	二进制同步可逆计数器
74LS192	可预置 BCD 双时钟可逆计数器
74LS193	可预置四位二进制双时钟可逆计数器
74LS194	四位双向通用移位寄存器
74LS195	四位并行通道移位寄存器
74LS196	十进制/二——十进制可预置计数锁存器
74LS197	二进制可预置锁存器/计数器
74LS20	4 输入端双与非门
74LS21	4 输入端双与门
74LS22	开路输出 4 输入端双与非门
74LS221	双/单稳态多谐振荡器
74LS240	八反相三态缓冲器/线驱动器
74LS241	八同相三态缓冲器/线驱动器
74LS243	四同相三态总线收发器
74LS244	八同相三态缓冲器/线驱动器
74LS245	八同相三态总线收发器
74LS247	BCD——七段 15V 输出译码/驱动器

74LS248	BCD——七段译码/升压输出驱动器
74LS249	BCD——七段译码/开路输出驱动器
74LS251	三态输出 8 选 1 数据选择器/复工器
74LS253	三态输出双 4 选 1 数据选择器/复工器
74LS256	双四位可寻址锁存器
74LS257	三态原码四 2 选 1 数据选择器/复工器
74LS258	三态反码四 2 选 1 数据选择器/复工器
74LS259	八位可寻址锁存器/3-8 线译码器
74LS26	2 输入端高压接口四与非门
74LS260	5 输入端双或非门
74LS266	2 输入端四异或非门
74LS27	3 输入端三或非门
74LS273	带公共时钟复位八 D 触发器
74LS279	四图腾柱输出 S-R 锁存器
74LS28	2 输入端四或非门缓冲器
74LS283	四位二进制全加器
74LS290	二/五分频十进制计数器
74LS293	二/八分频四位二进制计数器
74LS295	四位双向通用移位寄存器
74LS298	四位 2 输入多路带存贮开关
74LS299	三态输出八位通用移位寄存器
74LS30	8 输入端与非门
74LS32	2 输入端四或门
74LS322	带符号扩展端八位移位寄存器
74LS323	三态输出八位双向移位/存贮寄存器
74LS33	开路输出 2 输入端四或非缓冲器
74LS347	BCD——七段译码器/驱动器
74LS352	双 4 选 1 数据选择器/复工器
74LS353	三态输出双 4 选 1 数据选择器/复工器
74LS365	门使能输入三态输出六同相线驱动器
74LS365	门使能输入三态输出六同相线驱动器
74LS366	门使能输入三态输出六反相线驱动器
74LS367	4/2 线使能输入三态六同相线驱动器
74LS368	4/2 线使能输入三态六反相线驱动器
74LS37	开路输出 2 输入端四与非缓冲器
74LS373	三态同相八 D 锁存器
74LS374	三态反相八 D 锁存器

74LS460	十位比较器
74LS461	八进制计数器
74LS465	三态同相2与使能端八总线缓冲器
74LS466	三态反相2与使能八总线缓冲器
74LS467	三态同相2使能端八总线缓冲器
74LS468	三态反相2使能端八总线缓冲器
74LS469	八位双向计数器
74LS47	BCD——七段高有效译码/驱动器
74LS48	BCD——七段译码器/内部上拉输出驱动
74LS490	双十进制计数器
74LS491	十位计数器
74LS498	八进制移位寄存器
74LS50	2-3/2-2输入端双与或非门
74LS502	八位逐次逼近寄存器
74LS503	八位逐次逼近寄存器
74LS51	2-3/2-2输入端双与或非门
74LS533	三态反相八D锁存器
74LS534	三态反相八D锁存器
74LS54	四路输入与或非门
74LS540	八位三态反相输出总线缓冲器
74LS55	4输入端二路输入与或非门
74LS563	八位三态反相输出触发器
74LS564	八位三态反相输出D触发器
74LS573	八位三态输出触发器
74LS574	八位三态输出D触发器
74LS645	三态输出八同相总线传送接收器
74LS670	三态输出4×4寄存器堆
74LS73	带清除负触发双J-K触发器
74LS74	带置位复位正触发双D触发器
74LS76	带预置清除双J-K触发器
74LS83	四位二进制快速进位全加器
74LS85	四位数字比较器
74LS86	2输入端四异或门
74LS90	可二/五分频十进制计数器
74LS93	可二/八分频二进制计数器
74LS95	四位并行输入\输出移位寄存器
74LS97	六位同步二进制乘法器

附录 C 4000 系列芯片功能速查表

1. 门电路

CD4000	双 3 输入端或非门
CD4001	四 2 输入端或非门
CD4002	双 4 输入端或非门
CD4007	双互补对加反向器
CD4009	六反向缓冲 / 变换器
CD4011	四 2 输入端与非门
CD4012	双 4 输入端与非门
CD4023	三 2 输入端与非门
CD4025	三 3 输入端或非门
CD4030	四 2 输入端异或门
CD4041	四同相 / 反向缓冲器
CD4048	8 输入端可扩展多功能门
CD4049	六反相缓冲/变换器
CD4050	六同相缓冲 / 变换器
CD4068	8 输入端与门 / 与非门
CD4069	六反相器
CD4070	四 2 输入异或门
CD4071	四 2 输入端或门
CD4072	双 4 输入端或门
CD4073	三 3 输入端与门
CD4075	三 3 输入端或门
CD4077	四 2 输入同或门
CD4078	8 输入端或非门 / 或门
CD4081	四 2 输入端与门
CD4082	双 4 输入端与门
CD4085	双 2 路 2 输入端与或非门
CD4086	四 2 输入端可扩展与或非门
CD40104	TTL 至高电平 CMOS 转换器
CD40106	六施密特触发器
CD40107	双 2 输入端与非缓冲 / 驱动器
CD40109	四低——高电平位移器
CD4501	三多输入门
CD4052	六反向缓冲器（三态输出）

CD4503	六同相缓冲器（三态输出）
CD4504	6TTL 或 CMOS 同级移相器
CD4506	双可扩展 AIO 门
CD4507	四异或门
CD4519	4 位与／或选择器
CD4530	双 5 输入多数逻辑门
CD4572	四反向器加二输入或非门加二输入与非门
CD4599	8 位可寻址锁存器

2. 触发器

CD4013	双 D 触发器
CD4027	双 JK 触发器
CD4042	四锁存 D 型触发器
CD4043	四三态 R-S 锁存触发器（"1"触发）
CD4044	四三态 R-S 锁存触发器（"0"触发）
CD4047	单稳态触发／无稳多谐振荡器
CD4093	四 2 输入端施密特触发器
CD4098	双单稳态触发器
CD4099	8 位可寻址锁存器
CD4508	双 4 位锁存触发器
CD4528	双单稳态触发器（与 CD4098 引脚相同，只是 3、13 脚复位开关为高电平有效）
CD4538	精密单稳多谐振荡器
CD4583	双施密特触发器
CD4584	六施密特触发器
CD4599	8 位可寻址锁存器

3. 计数器

CD4017	十进制计数/分配器
CD4020	14 位二进制串行计数器/分频器
CD4022	八进制计数/分配器
CD4024	7 位二进制串行计数器/分频器
CD4029	可预置数可逆计数器（4 位二进制或 BCD 码）
CD4040	12 二进制串行计数器/分频器
CD4045	12 位计数／缓冲器
CD4059	四十进制 N 分频器
CD4060	14 二进制串行计数器/分频器和振荡器
CD4095	3 输入端 J-K 触发器（相同 J-K 输入端）
CD4096	3 输入端 J-K 触发器（相反和相同 J-K 输入端）

CD40110	十进制加／减计数／锁存／7端译码／驱动器
CD40160	可预置数 BCD 加计数器（异步复位）
CD40161	可预置数 4 位二进制加计数器（~R＝0 时，CP 上脉冲复位）（异步复位）
CD40162	可预置数 BCD 加计数器（同步复位）
CD40163	可预置数 4 位二进制加计数器（~R＝0 时，CP 上脉冲复位）（同步复位）
CD40192	可预置数 BCD 加/减计数器
CD40193	可预置数 4 位二进制加/减计数器
CD4510	可预置 BCD 加/减计数器
CD4516	可预置 4 位二进制加/减计数器
CD4518	双 BCD 同步加计数器
CD4520	双同步 4 位二进制加计数器
CD4521	24 级频率分频器
CD4522	可预置数 BCD 同步 1/N 加计数器
CD4526	可预置数 4 位二进制同步 1/N 加计数器
CD4534	实时与译码计数器
CD4536	可编程定时器
CD4541	可编程定时器
CD4553 3	数字 BCD 计数器
CD4568	相位比较器／可编程计数器
CD4569	双可预置 BCD／二进制计数器
CD4597	8 位总线相容计数／锁存器
CD4598	8 位总线相容可建地址锁存器

4. 译码器

CD4511	BCD 锁存/七段译码器/驱动器
CD4514	4 位锁存/4—16 线译码器
CD4515	4 位锁存/4—16 线译码器（负逻辑输出）
CD4026	十进制计数/7 段译码器（适用于时钟计时电路，利用 C 端的功能可方便的实现 60 或 12 分频）
CD4028	BCD——十进制译码器
CD4033	十进制计数/7 段译码器
CD4054	4 位液晶显示驱动
CD4055	BCD——七段码／液晶驱动
CD4056	BCD——七段码／驱动
CD40102	8 位可预置同步减法计时器（BCD）
CD40103	8 位可预置同步减法计时器（二进制）
CD4513	BCD——锁存／七端译码／驱动器（无效"0"不显）
CD4514	4 位锁存／4—16 线译码器（输出"1"）

CD4515	4 位锁存 / 4—16 线译码器（输出 "0"）
CD4543	BCD 锁存 / 七段译码 / 驱动器
CD4544	BCD 锁存 / 七段译码 / 驱动器——波动闭锁
CD4547	BCD 锁存 / 七段译码 / 大电流驱动器
CD4555	双二进制 4 选 1 译码器 / 分离器（输出 "1"）
CD4556	双二进制 4 选 1 译码器 / 分离器（输出 "0"）
CD4558	BCD——七段译码
CD4555	双二进制 4 选 1 译码器/分离器
CD4556	双二进制 4 选 1 译码器/分离器（负逻辑输出）

5. 移位寄存器

CD4006	18 位串入－串出移位寄存器
CD4014	8 位串入/并入－串出移位寄存器
CD4015	双 4 位串入－并出移位寄存器
CD4021	8 位串入/并入－串出移位寄存器
CD4031	64 位移位寄存器
CD4034	8 位通用总线寄存器
CD4035	4 位串入/并入－串出/并出移位寄存器
CD4076	4 线 D 型寄存器
CD4094	8 位移位 / 存储总线寄存器
CD40100	32 位左移 / 右移
CD40105	先进先出寄存器
CD40108	4×4 多端口寄存器阵列
CD40194	4 位并入 / 串入－并出 / 串出移位寄存器（左移 / 右移）
CD40195	4 位并入 / 串入－并出 / 串出移位寄存器
CD4517	64 位移位寄存器
CD45490	连续的近似值寄存器
CD4562	128 位静态移位寄存器
CD4580	4×4 多端寄存器

6. 模拟开关和数据选择器

CD4016	四联双向开关
CD4019	四与或选择器
CD4051	单八路模拟开关
CD4052	双 4 路模拟开关
CD4053	三 2 路模拟开关
CD4066	四双向模拟开关
CD4067	单十六路模拟开关
CD4097	双八路模拟开关
CD40257	四 2 选 1 数据选择器

CD4512	八路数据选择器
CD4529	双四路／单八路模拟开关
CD4539	双四路数据选择器
CD4551	四2通道模拟多路传输

7. 运算电路

CD4008	4位超前进位全加器
CD4019	四与或选择器
CD4527	BCD比例乘法器
CD4032	三路串联加法器
CD4038	三路串联加法器（负逻辑）
CD4063	四位量级比较器
CD4070	四2输入异或门
CD4585	4位数值比较器
CD4089	4位二进制比例乘法器
CD40101	9位奇偶发生器／校验器
CD4527	BCD比例乘法器
CD4531	12位奇偶数
CD4559	逐次近似值码器
CD4560	"N" BCD加法器
CD4561	"9"求补器
CD4581	4位算术逻辑单元
CD4582	超前进位发生器
CD4585	4位数值比较器

8. 存储器

CD4049	4字×8位随机存取存储器
CD4505	64×1位RAM
CD4537	256×1静态随机存取存储器
CD4552	256位RAM

9. 特殊电路

CD4046	锁相环集成电路
CD4532	8位优先编码器
CD4500	工业控制单元
CD4566	工业时基发生器
CD4573	可预置运算放大器
CD4574	比较器、线性、双对双运放
CD4575	双／双预置运放／比较器
CD4597	8位总线相容计数／锁存器
CD4598	8位总线相容可建地址锁存器

附录 D 焊接基本知识

1. 电烙铁的正确使用

电烙铁的功率通常有 15W、30W、45W、75W、100W 等几种，应根据被焊接元器件的大小和导线的粗细来选用。一般焊接晶体管、集成电路和小型元件时，可选用 15W 或 30W 的电烙铁。

电烙铁用紫铜圆棒制成，前端加工成楔状。焊接前应将楔状部分的表面刮光，通电升温后蘸上松香，再涂上焊锡，这个过程称为"吃锡"。烙铁通电后如长时间不焊接，烙铁头会因温度不断升高、表面氧化而发黑，造成"烧死"。烙铁头的温度通常可通过改变烙铁头伸出的长度进行调节。

2. 焊料

焊料的作用是把导线和元件连接在一起，要求具有一定的机械强度和良好的导电性能。常用的焊料是铅锡合金，俗称焊锡。一般选用的焊锡熔点低于 200℃。

3. 焊剂

焊剂的作用是为了提高在焊接时焊料的流动性，起到助焊的作用；同时防止焊接部分因温度很高而氧化。常用的焊剂是松香，其软化温度约为 52~83℃，加热到 125℃时，松香变为液态。若将 20%的松香、78%的酒精、2%的三乙醇胺酿成松香酒精溶液，则焊接性能比纯松香更好。一般酸性焊油具有腐蚀性，不宜采用。

目前，市售的管状焊锡丝，管内已含有松香焊剂。

4. 焊接要点

1）焊接温度和焊接时间是影响焊接质量的关键。温度过低，焊接时间太短，焊料的流动性不好，容易使焊点拉毛，或产生虚焊。反之，温度过高或焊接时间过长，焊接处表面氧化，也易产生虚焊。焊点表面因氧化而失去光泽，也容易因温度过高而损坏器件。一般温度控制在 220~240℃，焊接时间不超过 3s。

2）若采用管状锡丝焊接，先将烙铁头在焊接点上预热一段时间，再将焊锡丝与烙铁头接触，焊锡丝溶化流动后就能牢固地附着在焊点周围。焊锡量要适当，使焊点光圆如珠。

3）焊接前，元器件和导线的焊接处一定要进行表面清洁处理，刮去氧化层，并立即涂上焊剂和焊锡。这一过程称为"预焊"。元器件的引线应根据需要弯成一定的形状并适当剪短，工作频率越高，应剪得越短，但至少应留 5mm 左右，晶体管和集成块电路的引线一般不短于 10mm。

4）焊接 MOS 型场效应晶体管时，电烙铁的外壳应接地线。如无地线时，则应将电源插头拔下后再进行焊接。

附录 E 常用逻辑符号新旧对照表

名称	国标符号	曾用符号	国外常用符号	名称	国标符号	曾用符号	国外常用符号
与门	&图	图	图	基本 RS 触发器	图	图	图
或门	≥1图	+图	图	同步 RS 触发器	图	图	图
非门	1图	图	图	同步 RS 触发器	图	图	图
与非门	&图	图	图	正边沿 D 触发器	图	图	图
或非门	≥1图	+图	图	正边沿 D 触发器	图	图	图
异或门	=1图	⊕图	图	负边沿 JK 触发器	图	图	图
同或门	=1图	⊙图	图	负边沿 JK 触发器	图	图	图
集电极开路与非门	图	图		全加器	图	FA图	FA图
三态门	图	图	图	半加器	图	HA图	HA图
施密特与门	图	图	图	传输门	TG图	TG图	图

221

参 考 文 献

[1] 姜黎红，黄培根. 电子技术基础实验&Multisim 10 仿真 [M]. 北京：电子工业出版社，2010.

[2] 从宏寿，程卫群，李绍铭. Multisim 8 仿真与应用实例开发 [M]. 北京：清华大学出版社，2007.

[3] 刘建清. 从零开始学电路仿真 Multisim 与电路设计 Protel 技术 [M]. 北京：国防工业出版社，2006.

[4] 邓泽霞，陈新岗. 电路电子基础实验 [M]. 北京：中国电力出版社，2009.

[5] 康华光. 电子技术基础 数字部分 [M]. 5 版. 北京：高等教育出版社，2008

[6] 毕秀梅，周南权. 电子线路板设计项目化教程 [M]. 北京：化学工业出版社，2010.

[7] 陈桂兰. 电子线路板设计与制作 [M]. 北京：人民邮电出版社，2010.

[8] 缪晓中. 电子 CAD-Protel 99SE [M]. 北京：化学工业出版社，2009.

[9] 钱金发. 电子设计自动化技术 [M]. 北京：机械工业出版社，2005.

[10] 曾峰，巩海洪，曾波. 印制电路板（PCB）设计与制作 [M]. 北京：电子工业出版社，2005.

[11] 赵淑范，董鹏中. 电子技术实验与课程设计 [M]. 2 版. 北京：清华大学出版社，2009.